解·析
开放的心态

〈上〉

孙丽红◎ 编著

中国出版集团

现代出版社

图书在版编目(CIP)数据

解析开放的心态(上)／孙丽红编著. —北京：现代
出版社，2014.1
ISBN 978-7-5143-2109-8

Ⅰ. ①解… Ⅱ. ①孙… Ⅲ. ①成功心理－青年读物
②成功心理－少年读物 Ⅳ. ①B848.4－49

中国版本图书馆 CIP 数据核字(2014)第 008504 号

作　　者　孙丽红
责任编辑　王敬一
出版发行　现代出版社
通讯地址　北京市安定门外安华里 504 号
邮政编码　100011
电　　话　010－64267325 64245264(传真)
网　　址　www. 1980xd. com
电子邮箱　xiandai@ cnpitc. com. cn
印　　刷　唐山富达印务有限公司
开　　本　710mm×1000mm　1/16
印　　张　16
版　　次　2014 年 1 月第 1 版　2023 年 5 月第 3 次印刷
书　　号　ISBN 978-7-5143-2109-8
定　　价　76.00 元(上下册)

目　录

第一章　开放心态　引领开放式人生

第二章　开阔视野　开放心态的前奏

第三章 拥有自信 开放心态无阻碍

第一章　开放心态　引领开放式人生

开放的人生来源于开放的心态，开放的心态来源于开放的眼界，开放的眼界来源于开放的行动，开放的行动来源于开放的知识。开放意味着与外界更多的交流，开放需要包容和学习的心态，开放既有机遇也有风险。我们要理解开放，适应开放，学会开放，懂得开放。以开放的心态，面对开放的世界；以开放的精神，迎接开放的人生！

第一节　开放心态，适应时代需要

30 多年，一个国度由封闭走向开放，从保守趋于革新，从单一渐变为自由多元；30 多年，一个民族从经济一度濒于崩溃的边缘走向崛起的新生；30 多年，全世界的目光聚焦中国，百年奥运也已经光临过中国了，中国广大的人群也正远征海外……30 多年的历史不过弹指一挥间，便天翻地覆。与其说"改革"是 30 多年前在历史语境中的突围政策，毋宁说"开放"才是当今世界浩荡发展的必然选择；与其说开放是宏观的国家意图、社会行动，毋宁说开放是指向我们每一个体的生活方式、人生愿景，开放人生是个人发展的成功之道。

在浩瀚的时间长河中，个人与时代总是相遇的关系。或擦肩而过，或正逢其时，或相望兴叹，得则幸，不得则命。

有时梦回历史，设想与其他时代相遇的个人处境：如若 3000 年前，一个生于封闭盆地的蜀人也许会惧于蜀道之难，而不知盆地之外竟有四地八荒，更不知有海外大洲；如若是 300 年前，一个读书人也许穷尽一生就干一件事：皓首穷经就为挤进科举的官僚体系，为康乾盛世的"天朝大国"添砖加瓦；又如若 130 年前，也许会微微的感应到洋务运动正从器物层面开放中国社会所带来的人生渐变……

可是，历史没有如若。这个开放时代能够给予绝大多数人以多元自主的成功渠道。只要个人有开放心态，我们就有充分的机会去争取个人自由的生命，无疆的行走，广阔的视野，开放的人生。

中国仅仅用了以"开放"为关键词的 30 多年时间，就完成了欧洲曾远不止三个世纪才完成的跨越式巨变。百年前的"东亚病夫"变成今日的"大国崛起"，正源于中国将"开放"树立为基本国策。时代的翻天覆地，日月的斗转星移，变迁的高速密集，让生于这个时代本就不安分的生命不得不庆幸能有机会与这个丰富的时代风云际会。有些人群身上，总有着某种挥之不去的使命情结：一方面恪守着中国古代士人"为天地立心，为生民立命"的兼济天下的理想，另一方面又兼具现代公共知识分子探索真理和用知识发言的社会责任感。所以，多年来，他们也总在探索思考：个人兼济天下有什么最佳之道？又能否为我们的社会更加美好做些力所能及的事情？

中国千年儒家传统，把"立功、立德、立言"当作人生三不朽之大事。而今天，面对日益开放的中国社会，我们的选择也丰富起来，成功的途径也很多。

过去的 30 多年和未来更悠久的世纪，"开放"无疑是我们时代最重要的关键词之一。国家和社会的继续改革开放，势在必行。但是，中国开放的深化和发展，成为遍及整个社会的共识与现实，要在整体上呈现开放、自由、民主、多元、和谐的形象，就必须推动个人走上开放之路。同时，个人要在开放时代中同步而行，乃至超前发展，甚至是要在任何一个时代自主人生，也都必须走向人生开放之路，践行开放式人生！而游走东西方的经历，也让我们更加坚信：在开放的时代想获取个人的成功，个人的"基本国策"也必须写上"开放"。

时代呼唤着我们力倡个人开放。只有个人开放了，国家才能最后开放。因为中国今日的崛起，得力于过去30多年宏观性的国家对外开放，而真正能长久支撑中国成为大国还必须有具备大国开放心态和素质的公民作为基础。何之谓大？"海纳百川，有容乃大"，"国家虽小，开放兼容乃大"。个体必须走向人生开放，使开放成为人生的"基本国策"，成为一种民族和社会的共识，才能汇促中国实现"大国崛起"，才能聚促中华民族走上"复兴之路"，自身也才能与时代大潮同步前行并自主人生。

一个兼容和谐的国家，其向心力归根到底莫过于拥有一个"想象的共同体"。任何变革都是由器物始，进而制度，最终文化。改革开放30多年，向世界开放的过程中，中国社会在器物的学习中进步、在制度上日臻完善，这些都举世瞩目。但是真正的文化和心态开放，根本是个体的人的开放。过去30多年，我们在逐步进行前两者的变革，那么未来30多年或更长时间呢？

不同的时空会造就不同的人才。梁启超说"少年兴则国家兴，少年强则国家强"。

开放的时代，我们的心态也需要开放。

交织在中国身上的目光是复杂多样的：佩服、羡慕、嫉妒、担忧、恐惧……兼而有之。但无论是哪种看法，就算中国被误解成一条只是到处张牙舞爪的"龙"，我们也能从中感受到欢欣鼓舞，因为比起百年前的"东亚病夫"来，世界起码已经正视中国的"大国崛起"。而这个翻天覆地般的变化，正起始于中国将"开放"树为基本国策的那一刻。

国际上目前普遍有这样一个看法：中国和印度将在21世纪中崛起为新的世界性大国，"龙象之争"将成为世界舞台的新生主剧目。事实上，中国和印度在内里还是有着很多的差异，但在"开放"才能带来国家崛起的这一点上却有着惊人的共识：2007年，温家宝总理在新加坡发表主题演讲："只有开放兼容，国家才能富强"。印度总理辛格立刻在其国内表示：希望温家宝总理的演讲稿成为"印度举国上下人人捧读的基础材料"。

其实也不仅仅是中国和印度，"同一个世界，同一个梦想"。整个世界都意识到这是一个以开放为主流趋势的全球化时代，也都努力张开双臂去拥抱这个开放的世界。日本是个典型例子，国小，资源少，人口众多，背负二战包袱，也不像新加坡那样拥有交通咽喉的地利，但依赖国家的开放，依赖大多数拥有大国心态的国民的人生开放（日本在经济大萧条前每年出国人次超过总人口的一半），进而融会东西方之长，把握机遇，得以迅速成为世界第三大经济强国。

在世界大多数国家对宏观"开放"没有分歧的形势之下，今日之中国能否继续大国崛起，能否在全球价值链中占据有利的一环，能否将"中国制造"提升为"中国创造"，乃至内地能否与另一体制的台湾找到和平统一的共同基点，以及与港澳在"50年不变"之后走向融合共荣……这都不仅仅取决于我们国家能否继续开放下去，而更多地在于"开放"能否在更广阔的层面深化——即我们大多数个体能否将"开放"定为个人的"基本国策"，能否使自己成为一个开放人，取得自己开放的成功，并最终汇融成民族和国家整体的开放，进而才能解决一切重大问题。

中国开放的深化和发展，必然呼唤一场个人层面"改革开放"的思想解放运动。而且，"开放"的最终命运，都必须要落实到个人开放上，个人要培养开放的心态。

整个中国的人生开放现象，已经很醒目和广大。从农民到大学生再到企业家，从生活饮食到就业求职再到自主创业，从某种程度上说，已没有什么人什么事能够置身于"开放"大潮之外。

对于个人来说，在这样的开放时代，要想获得个人的成功，掌握自己的命运，或者与时代俱进、与世界同步、与他人和谐，甚至只是不想孤立于世界之外，都必须努力打造一个开放式的人生。

开放心态就是开放人生，开放人生就是开放视野、开放舞台、开放信息、开放机会、开放成功！开放的人生与封闭的人生，两个视界，两重天地。开放的人生，如流动的清泉，唯有源头活水来；封闭的人生，如死水一潭，终究会变质枯干。只有开放你自己，解放你自己，才能自主你自己。开放是人生的大熔炉。开放你的心态，世界一定从此不同！

人生开放，才能进则"兼济天下"，贡献社会；退则"独善其身"，适应时代的发展。

国家和社会需要开放，已经没有太多异议。一个民族和国家的向心力，归根到底莫过于一个"想象的共同体"。人们称颂德国在战后的崛起并且不称之为"复兴"，最重要的是其大多数个体国民的成熟和"强盛"，二战前法西斯德国的国力或许更强大，但真正值得称赞的只有"国富民强"。中国的崛起和长治久安也最终将指向整个民族和全体国民的崛起，每个中国人都需要张开双臂来拥抱开放的时代和开放的中国，将开放定为个人的"基本国策"。

跟大多数人一样，每一个成功人士都有自己的普通之处和非凡之处。但是，他们在普通之处又有太多的不同，而在非凡之处却有着太多的相同。

大凡自主成功者几乎都有这样一个显著的共同之处：人生模式非常开放，并且在相应的思想、个性、素质、性格、思维、观念上都能找到开放的逻辑性。换言之，成功不可以复制，但任何成功都有其原因，哪怕仅仅是依靠运气；而自主成功者必然有着能够自主人生的共同成功原因。

他们正是因为心态开放，人生开放，最终才能自主成功。

现代高科技高能量的世界所迫切需要的是人与人之间相互联系，无私地分享人们共同的人性美德，进而认识到人与人之间彼此是多么不同，同时又有拥有多么惊人的相似之处。

人对于外界最初的兴趣和好奇心能够与人类的善意相融合，如理解、尊重和同情。

在不同的国家，无论人与人之间存在多大分歧，我们所有人几乎都希望能够凭借天生的才干和能力，为自己、为家人营造更美好的生活。同时，随着我们在生活和体验中不断进步，我们大多数人还希望能够尽可能地为我们的邻居、朋友、社区作出贡献。

由此而产生的意料之外的好处是：为了使自己和家人能更好地生活，每个人都致力于贡献自己的力量，这也促使我们创造一个更美好的社会、一个更美好的世界。

我们大家都共同面对人类的处境，并从中受益。无论我们生活在何处，无论我们信奉什么，无论我们追随哪一片星光，我们都需要开放的心态，团结起来，坚定信念，并肩向前。

第二节　开放心态　提升发展空间

所谓开放的心态，是指乐观开朗，积极进取，坚韧不拔，眼界高远，处事平和，不为成功挫折所累，善容纳，善创新，有主见，有远见的心理状态。其典型特征表现为：一、开放的胸怀；二、开放的视角；三、开放的思维；四、开放的创造能力（或开放的创造欲望）。

心态是人的意识、观念、动机、情感、气质、兴趣等心理素质的综合体现，是人内心对各种信息刺激做出反应的趋向。这种趋向对人的思维、言行、情绪、思想具有导向作用。

开放的心态，是一种主动进攻的强势心理，也是一种勇于进取开拓的奋斗哲学，一种积极沟通与合作的处世原则，更是一种心胸开拓的生活境界。心态开放，能使弱者变强，强者更强。反之，封闭和保守的心态，则是一种弱势和防守的心理，一种围墙的文化，一种固步自封的被动挨打哲学，这足以使强者"木秀于林，风必摧之"，也使弱者更弱。

人生能否开放，关键不在于出身是否普通，不在于接触面是否广泛和高端，不在乎能否游走四方和出国留学，而首先在于心态。"海纳百川，有容乃大"，心态对人生、理想、个性、行为、思维起导向作用。譬如全国人大副委员长、欧美同学会会长韩启德，大学毕业时，被分配到陕西临潼最艰苦的农村公社当一名"赤脚医生"，历时 10 年之久；著名风险投资家汪潮涌来自湖北大别山的农村，浙江横店集团创始人徐文荣本是山区一个只有高小文化的农民。出身艰苦、环境闭塞、天赋普通等，这些都不是借口。心态开放，走向开放，才能摆脱这些客观限制。

一、心态开放与保守的区别

心态开放者可能远比保守者更容易成功。心态开放者，更见多识广，更能够学习和借鉴有用的知识，更善于与人沟通合作，自然也就会有更多的机会成功。退一步讲，即使心态保守的人成功了，那么更开放的心理也会使他如虎添翼。

心态开放为什么能够成为开放式人生的起点？除了开放的时代要求我们非如此不可之外，另外一个根本原因就是开放的心态本身的基本构造，决定了它在任何时代，都应该成为一个人的重要素质。

二、开放的心态有哪些要素

1. 强烈的进取心

开放的心态，是拥有强烈进取心的表现，也是开拓进取最好的朋友。在任何一个公司，最赚便宜的是两种人，一种人勇于开拓进取，收获是自己的，失败是上司或老板的，更重要的是，这种人总能博取老板或上司的照顾。另一种人是有开放心态的人，他们谦虚，可以有效接受别人的看法，所以他们的成功比别人快得多，自然收获也大！

从某种意义上说，一个人的心胸有多大，舞台就有多大。勇于进取可以塑造一个人的灵魂，也是最重要的心理潜在资源。目光高远，时刻想着提高和进步，正是一个成功者所必备的素质。进取的人生，就是要把人固有的发展需求尽可能地释放出来。在发展中找到自己的价值，以及生存的意义。

一块石头如果没有遇见石匠，石头永远只能静静地躺在深邃的山谷中，最终成为一堆无材可取的燧石。但石头是幸运的，终于有一天石头与石匠不期而遇，石匠鼓励石头放弃安逸，然后把他精湛的技艺融入于石头的细胞、骨髓、灵魂。多年以后，玉汝于成，石头不再被称作石头，而成了一尊盖然于巧夺天工的艺术品。而这一切，正源于一颗勇于开拓的心和锐意进取的意志。

现代社会已经是一个高速发展的开放的社会，处于瞬息万变的状态。唯有进取——不断追求，才能在这个社会上立于不败之地。

张瑞敏怒砸冰箱　海尔公司曾经是面临破产的冰箱厂，但自从董事长张瑞敏走马上任后，便提出"有缺陷的产品就是废品"。于是带头亲自砸烂了 76 台有严重缺陷的冰箱。如今，在海尔科技馆里的那把闻名遐迩的大铁锤向人们诉说着质量与品牌的故事。而更重要的是张瑞敏的进取精神——"今天比昨天做得更好"，才造就成今天的国内外皆知的跨国大集团——海尔集团。

如果有一种力量能使我们本能地张开双臂去迎接人生，那就只能是我们的进取心和志向。进取心总是促使我们打开人生大门，寻求更广阔的发展空间，这也是开放式心态的首要构成。

进取心可以包含很多词语的含义：雄心与野心，志向与欲望等。个人有强烈的进取心，才能有改变现状的强烈动力，才能对在这个世界上实现自己的抱负怀有兴趣，进而寻求并肩作战的伙伴和朋友，接纳各种思想、方法、技能，越挫越勇，做出各种各样的人生努力。

进取心使杨宁建立空中网　2004 年在纳斯达克上市的空中网的创始人杨宁就是个进取心非常强的人。1998 年，他斯坦福大学毕业，不顾家人期望他留在美国的意见，毅然和周云帆、陈一舟回国创业。当时，雄心勃勃的杨宁甚至要给这个网站取名为"中国人"，但因为"中国"这两个字无法注册，他才不得已才把名字改为 Chinaren。

互联网寒冬到来后，杨宁和 Chinaren 网站都难逃厄运，Chinaren 被迫连同 200 多名员工，加上几个创始人一年的工作合同，一起卖给了搜狐。这是一个让杨宁终生难忘的日子，但他的进取之心依然没有熄灭。

两年之后，在北京后海一间平房里，一个十几个人的公司成立了，名字叫做空中网。从搜狐辞职出来的杨宁在公司黑板上写下"新浪、搜狐、网易、腾讯"四个互联网大鳄名字，然后在后面加上"空中"两个大字，对团队说："我们以后将是和他们齐名的公司！"

当时，杨宁和周云帆卖掉搜狐的股票，加上一个朋友的投资共带着 50 万美元就上了路——"我们的很多竞争对手都有几千万甚至上亿美元现金在银行放着"。资金成了首难，杨宁和周云帆首次创业的投资方包括高盛在内，都拒绝再次投资。但杨宁和周云帆没有放弃，奔赴香港中环一个楼一个楼地"扫楼"找投资机构。一个星期之后，碰壁无数次的他们遇见了当时在香港德丰杰工作的张帆，但张帆的推荐依然被董事会拒绝。最后，张帆直奔美国找大老板改变了空中网的命运。张帆后来回忆说正是因为这两个人强烈的进取心，所以在"香港只见了一面，直觉上我就已经决定帮助他们"。

进取，就意味着不断努力奋斗，奋斗，则意味着灿烂的明天。人生没有了进取，就如行尸走肉，渐渐会被奢华所吞噬；人生没有了进取，就如没有了灵魂的躯壳，思想已经一去不复返；人生，没有了进取，就如停滞不前的时钟，永远也不能找到正确的钟点。

人生需要进取。进取首先给人带来的是发展方向，是精神能量释放的途径。没有进取心的人往往是缺乏自信的人。同学们都知道这样一个故事：一只在温水里的青蛙，等待它的最后的命运可能是慢慢死亡，而在沸水中的青蛙，可能因为它的努力还尚可获得生存的空间。

开拓进取更在于面对未来，抓住机遇，不断地超越自我。古人说："时乎时乎不再来。"机遇是一种客观存在，能不能抓住机遇，利用机遇，把机遇转化为实实在在的优势和成果，最根本的就是要有开拓进取精神。

开拓进取的精神，不但来源于勇于拼搏奋进的竞争意识，更来源于高尚的追求。正所谓无私则无畏。心中装着崇高的理想和伟大的抱负，才能激发出你源源不断向上的动力，才能敢于和善于战胜困难，敢于在强手如林的竞争和竞赛中奋力拼搏。人生路上。只要保持这样一种大无畏的进取精神，不管在前进的道路上存在多少困难和障碍，也不能阻挡你前进的步伐。

人生犹如一次大海远航，不知道终点，也无法回头，我们甚至可能不知道该往哪个方向行驶，当然也无法规划和勾勒出未来蓝图。人应该从还没有成功之前，就对建立事业充满了强烈的持续的渴望。

这种渴望也就是进取心，进取心与目标的区别在于，它指向一个前进的方向，却没有具体的落点和彼岸。所以，大多数开放型成功者的人生也常常充满了灵活的转型和转身，他们不会把自己封闭在某一行业、职业、专业上，就算不到现在这一领域创业，他们将来也一定会在另外一个行业创业。他们所强烈企求的只是实现自身价值和社会价值、"条条大路通罗马"的成功而已。

因此，我们的人生也许不一定要拥有一个可以终生不变的目标，但一定需要有进取精神——永远向上向前的指南针。也许眼前大雾迷茫，也许看不到前面的终点，但我们依然要昂着头，注视着未来的大方向。

拼搏进取、百折不挠是中华民族的优良传统。历览古今，多少仁人志士往往是在痛苦中挣扎、在逆境中成长，仲尼厄而作《春秋》、司马迁忍辱著《史记》……坚硬的沙石挡不住小溪奔向大海的步伐，拼搏进取才是生命的主旋律。

开放的心态，正是一种勇于进取的奋斗哲学，一种积极沟通的处世原则，是一种心胸开拓的生活境界。

2. 兼容差异 博采众长

北大老校长蔡元培先生倡导"思想自由、兼容并包"，成为校训，成为校魂。开放的心态还是一种心胸，这种心胸外化的突出表现为：

有容人的肚量，能够容忍异己，欣赏与自己价值观不同的人。所谓"内举不避亲，外举不避仇"，这就是容人。

有容事的开明，能够接受别人的批评，包容甚至是错误的"异见"，当然也不会因为别人的恶意批评而影响主观判断。法国思想家孟德斯鸠曾说，"我不同意你说的每一句话，但我誓死捍卫你说话的权利"，这是容事。

有包容差异的头脑，并且还善于利用各种差异所带来的机会。

杰普培训曾被某些媒体称为"中国高端 IT 培训第一品牌"，在海外呆过 13 年的 CEO 赵敏谈到自己之所以选择高端 IT 培训作为创业方向，就是因为发现了中美之间 IT 业的差异。

赵敏曾打算做软件业，但他在国内接触不少 IT 企业后却改变了主意。他发现中国 IT 企业的高端业务都很急需人才，这个缺口跟美国的情况差不多。但差异就出现在高端 IT 人才培训上，中国不但缺乏人才，而且缺乏相应的培训，层次低、不规范、不具规模，可以说高端 IT 培训几乎为零。因此，赵敏意识到这是个巨大商机："我们一起回国的六个人，在国外都有很丰富很全面的实践以及教学经验，为何不把自己多年的技术和经验，传授给国内更多的 IT 行业人士呢？这似乎比自己亲自去做编程更有意义。"

心态开放要能理解差异　天津天士力制药公司总经理李文就认为，开放首先要能兼容差异。李文在英国工作学习两年后回国，曾感觉不适应："我刚去英国的时候不懂得开车让道，有人让我就心安理得地开过去，但时间长了我也开始学着给别人让道，并慢慢成为习惯。"后来"回到国内，我反而对开车抢道、排队夹塞很不适应"。

但正是"有了出国的经历，我反而开始理解国人的这种行为"，"中国向来缺少私有的观念，中国人习惯了什么东西都是国家的、集体的、公共的，很少有东西是公民自己的。没有尊重私有权的观念，当然无所谓尊重个人的权益。"

因此，李文得到的留学感悟是："不管是留学、居住、参观考察，见识一下不同的社会形态，对日后的生活工作都大有帮助。倒不是说人家的社会一定有多先进，而是通过差异比较，可以反过来更理解国内的现象。理解并不是赞成，但是只有理解差异性是多样性世界的客观表达，你才能在差异中协同。而把握了这一点，就是把握了社会生活最基本的规律。"

兼容差异、开明包容的开放心态，正是这个浮躁社会所急缺的，也是我们采访的开放型成功者所拥有的共同特质之一。

不排斥交流，能正确地对待自己、他人、社会和周围的一切，并且能够理解甚至认同不同人、不同地区、不同社会的差异性，这就是一种心态的开放。心态不兼容的问题不仅仅存在于利益对立的双方，如医患矛盾、房地产开发商与购房者之间的矛盾；还存在于各个方面。有些"土鳖"一听到有人说几句国外的优点，立刻把人判定为"崇洋媚外"，并且彻底贬低留学的作用；也有些"海归"则自以为喝过"洋墨水"，"取经"归来高人一等，总感觉"外国的月亮比中国的圆"。

这都是不兼容、不开放的心态。一个真正的成功者，一个心态开放的人，只会以公正的态度，在能力、品德、价值观等各方面去衡量人，很少以是否在海外留过学来判断人。就如大多数跨国公司挑选人才，更多的是看对方能不能胜任这份工作，有没有相应的职业道德，而不会问对方是"土鳖"还是"海归"。能力是任何讲究效率的公司都最看重的。

知足者常乐。知足是一种心态；不知足者常不乐，不知足也是一种心态。走自己的路，让别人去说吧，是一种心态；"三人行，必有我师"，能博采众长，兼收并蓄，也是心态使然。

在人的成长过程中，保持良好的开放的心态，是非常重要的。一个心态开放的人，绝对不是一个眼里只看自己，心里只装自己，思想封闭的人，而是广开言路，博采众长，虚心听取别人的意见。毛泽东的"群众路线"——一切为了群众，一切依靠群众，从群众中来，到群众中去不正是很好的体现吗。说白了，就是要博采众长。心态开放的人才能博采众长。

对于身边的每一个人，某个人可能是一个非常愚钝的人，但有时候他却能想出更好的办法。所以，不要忘记了：人无论有何等得聪慧、机智，也难免有失误之处。这并不是讥笑智者百思之后仍然不能避免的"一失"，而是提醒大家应当注意愚者的"一得"，不能随随便便地认为某一个人蠢笨，不会想出什么妙招，并因此而瞧不起别人。其实，任何人都有自己的独到之处。

俗话说的"三个臭皮匠，顶一个诸葛亮"便是这个道理。要集思广益，广泛地听取别人的议论，对于自身才会大有裨益。一个人如果闭目塞听，自以为是，无异于闭门造车，兼听本身便是聪明的捷径。自古便有"听君一席话，胜读十年书"之说，善于倾听的人可以通过听别人的议论，拓宽视野，增加知识，获取经验，增长见识，丰富阅历，以博采众长，这正是达到自我完善的最好的、最有效的途径。

古代的，名相子产不毁乡校，为的就是便于广泛听取乡校中的议论。采纳雅言，鉴证得失，以乡校的议论作为镜子，及时发现失误和长处，发挥长处，改正失误，从而采取有效的措施。三国的，刘备自谦无德，恭谦爱人，为人仁义，对待手下将士备加关爱，善于发挥他们各自的长处，而不去计较他们的短处，量才为用，因材施职，所以才使得关羽关云长千里走单骑护送嫂夫人，赵云赵子龙在千军万马中救阿斗。

比尔·盖茨曾说："这个世界最具智慧的人不是那些拥有发达头脑的人．而是那些懂得利用这些发达头脑的人。"听取他人的意见，从某种意义上讲，也是在利用他人的智慧，在利用别人的头脑来思考问题。

人总会犯错误，伟大的人和卑微的人的区别就是，在面对批评和失败时能否及时地反省自己，总结得失，及时纠错。也正因为如此，伟大的人会变得更加成熟、更加伟大和不可战胜，而卑微的人则显得更加的卑微。

一个心态开放的人无论自身多么伟大，多么不寻常，他都会永远保持一种谦虚的心态，注意听取别人的意见，改进自己的工作，不怕别人对自己即得工作结果的否定，因为别人的意见就是对他最好的礼物。一个人的知识、经验、智力毕竟有限，凡事不可能面面俱到，处处周全。如有不懂之处，多听听他人的意见，甚至是"不耻下问"，说不定就会有意外的收获，或许他人不经意的一言，就会惊醒梦中人。

"有则改之，无则加勉。"毛泽东的话说得多好！对于批评，我们就应该多从积极的角度去理解，只要批评者说的有道理，哪怕是只有一点点道理，我们都应该认真汲取。当然，我们汲取的是批评中对自己有意义的东西，至于批评者态度好不好，言辞是否激烈，我们大可不必理会。毕竟，自己对自己最了解，别人的"批评"包括"攻击"仅仅是一种参考而已。所以，我们应该庆幸在奋斗的道路上总能有几个这样时刻关注我们的"批评家"，我们应该把这些批评看做是一件好事——这样或许就会时刻提醒着我们少走或不走弯路。

心胸开阔的人，往往目光远大、为人豁达，不为微小的得失计较。他们与人为善，大度有容，即使有人冒犯了他们，他们也会为对方考虑，原谅其过失。这样的人，到哪里都是受欢迎的，而且能够取得众人的信任。俗话说得好：宰相肚里能撑船。

当然，听要善听，不能乱听，听了还要想。如果听了便当耳旁风，这样的听无异于竹篮子打水。如果听了都牢牢记住，不加区分，不加择别，听一句记一句，则又会使自己思路出现"十"字叉口，最后，众说纷纭，莫衷一是。

3. 思维灵活 观念进步

一个拥有开放心态的人，通常也不会是一个特别固执的人。

心态不开放，便意识不到形势的变化，只认一个理，只信奉一元的价值观，一条道走到黑，或者说一棵树上吊死。其实，"条条大路通罗马"、"战术是灵活的"、"事情是可以变通的"，只要合理，就不拒绝改变，这才是开放者所应有的心态。《易经》里不是说"穷则变，变则通，通则久"吗？

事情是可以变通的 曾担任过微软中国区主席和盛大公司总裁的唐骏，这位著名的职业经理人就将"父亲盖房子"列为少年时代对自己最有影响的事之一。

　　他说:"在我的整个少年时代,全家的重心和精力都放在盖房子上。因为在城里盖房子几乎是不可能的,于是我爸爸用了数年的时间和无数的心血跑各种关系,打擦边球,终于在江苏常州的城郊买下一块地建成了房子。这件事对我来说,让我知道了事情都是可以变通的,循规蹈矩、墨守成规很难做成事情,一种方法不行,还可以用别的很多方法。"

　　后来,唐骏大学毕业后非常想出国,他考上了北京邮电大学的研究生,但北邮出国名额已经用完。于是,他就给北京每个高校打电话,询问有没有剩余的出国名额。当打听到北广还有出国名额时,他就拿着考研成绩单要求转入北广读研。北广老师说:"你考虑清楚,尽管我们有名额,但你错过了时间,出国还要由教育部批准。"唐骏还是没有放弃,他打听到教育部主管此事的是李司长,就在教育部门口站了整整几天。早上见到李司长就说"李司长您早";中午出来则说"李司长您出来吃饭?"下班的时候便说"您下班了"?等到第六天,李司长终于告诉他:你可以出国了。

　　俗话说"树挪死,人挪活",在社会底线认可的前提之下,没有什么不可以调整,重要的是要能"活"。不要怕改变,更可怕的是成为生活的奴隶!毕竟是你要适应这个社会,而非这个社会来适应你。

　　20世纪改革开放之初,当大多数人都还在迷恋机关铁饭碗时,不少人就因为敢于"下海"、"出国"、"创业"、调整自己的人生定位而取得成功。譬如王中军在物资出版社第一个辞职当个体户,这是体制内跑到体制外,他后来创办了华谊兄弟;再如国金证券首席经济学家金岩石博士,初中毕业时到开滦煤矿当了7年井下维修工,后来考上大学读研读博留学并成为大学教师,再后来"下海"在美国创办三普证券,并于1997年在纳斯达克借壳上市,再后回国在著名证券公司担任首席经济学家,最后甚至去电视台当起了财经节目主持人;

　　一个人要想成功，就必须保持开放的心态，只有开放的心态才能不断进取、不断地汲取新知，才能和团队保持良好的互动，从而保持活力。在未来的社会中，那种以自我为中心、自我封闭、自以为是、妄自尊大、刚愎自用，以及自我设限的人，根本不可能适应社会，甚至生存都会成问题。心态开放方能观念进步。

　　打破自我障碍　圣戈班集团1665年成立于法国，是世界上最大的建筑玻璃和汽车玻璃生产商之一。他们在对员工进行培训时，就有一门课程叫做："打破自我障碍"。在这门课程中，他们要求员工完全放开自己以往的一切，而以一种全新的心态来对待自己将要面对的工作与任务。其中有一个训练项就是，要求员工打破自己原有的专业限制到一个全新的环境中去开展业务。由于员工到了一个自己完全不熟悉的环境，所以员工们不得不开动自己的创新细胞，并将自己改造成为一个很快适应新任务的人，从而有效地激活了员工的创新意识。

　　同样，在微软公司也有一个非常好的文化，叫做"开放式交流"，他们要求所有员工在任何交流或沟通的场合里都要敞开心扉，完整地表达自己的观点。并且在微软开会时，他们也会要求大家在意见不统一的时候，一定要把自己的意见或建议表达出来，否则公司就很有可能会因此而犯下错误。就像互联网刚开始流行的时候，比尔·盖茨对互联网一点也不感兴趣，但是有几位技术人员却不断地提出他们的意见和建议，最后终于促成比尔·盖茨完全地改变了公司的发展方向，进一步确立了微软在世界上的霸主地位。

　　谦虚使人进步。如果一个人不能听取他人的规谏，不能容忍他人和自己的意见相左，即使他可以取得暂时的成功，但也不可能在事业上得到进步，达到卓越。因为一个人的力量终究有限，在瞬息万变的商业环境中，要想有所进步，就要不断地学习，并善于综合他人的意见，否则就将陷入一意孤行的泥潭，被市场所淘汰。

一个心态开放的人，必定是一个谦虚的人。这样的人既能在得意时宠辱不惊，也能在面对别人批评时，保持谦虚谨慎的态度，并努力进取，摆脱困境。只有这样的人才能把握住时代的脉搏，总能第一个吸收和发扬新的观念。

报载，在重庆市合川区有一位30来岁的男子，他把后脑勺的头发剃成了一张笑脸，让人见了总会忍俊不禁。更让人可乐的是，他还在重庆街头摆摊"卖笑"，向过往行人出售12种笑：微笑、皮笑肉不笑、狂笑、含情的笑、回眸一笑、害羞的笑等；1元一笑，全套10元。他自称"全球第一职业卖笑人"，声称："卖笑，卖笑，希望给大家带来快乐！"

估计不少人会把"卖笑"当成哗众取宠的无聊噱头或故弄玄虚的炒作，但这种做法也未尝不可。人们听相声、看东北"二人转"等各种文艺表演。不就是为了一笑吗？既然卖笑人以自己善笑的长项"卖笑"，也就会有人愿意花1到10元钱选择享受他12种不同的笑，换来好的心情。况且，仅仅花了几块钱"买笑"，就可以使自己本来不良的心情得到片刻或长久的舒展，应该说不失为一桩较为划算的"买卖"。何乐而不为呢？况且，"卖笑"也是给人们"制造"欢乐，这种方式对他人没有害处，是一种颇为"环保"的方法。

大千世界，无时无刻不在萌生种种新生事物，"卖笑"也算是其中的一桩。可见，"卖笑"人的心态是如何的开放，所以我们也应该以一种开放的心态看待诸如此类的"新生事物"、"新观念"。当今社会正日趋多元化，只要在不损害他人和公共利益的前提下工作或做生意，这都应该看成是正当的、合理合法的．同时也是社会丰富多彩的需要。正如日常话说的："笑总比哭好！"

开放的心态是人类观念进步的护翼。如果一个人不打算拒绝观念的进步，那么对外界保持一种开放的心态就是必需条件。

4. 主动学习 思想独立

有一句很有意思的话：别人流血，自己得到教训，这是代价最小的教训；自己流血，自己得到教训，这是代价最大的教训；自己流血，别人得到了教训，自己还没有得到教训，这是最可悲的教训。

心态开放的第四个基本构成是善于积极主动学习和借鉴成功者，能够与优秀者为伍，就能避开失败者验证过的教训。

学习先进好榜样 万通集团董事局主席冯仑常常自称有个"病根"——"从小就喜欢学先进，在小学、中学、大学都好给中国最牛的人写信。"而1993年万通逐步成型时，他就曾把万科的王石当成榜样，若干年后还写过一篇文章叫《学习万科好榜样》，他说："基本上我相当于做一个傻瓜董事长，凡是公司有什么事不清楚，我说你们去万科看就完了。"

冯仑第一次见到王石是1993年。当时他们6个创业合伙人刚掘到第一桶金组建了万通集团，双方在王石的办公室谈了一个下午。冯仑后来回忆说："我们是热血青年的谈法，不谈别的，就谈自己的理想。聊的过程中，王石就提了很多问题，归结起来主要是两点：一是质疑我们的理想主义激情，建议我们想清楚，我们6个人合作，究竟是建立在利益的基础上还是理想基础上。我们当时比较相信自己是建立在理想基础上的事业伙伴，但王石说：'不可能，你们将来早晚会碰到利益冲突。'再就是多元化和专业化的问题，他主张我们专注于房地产。"

1996年，万通发生了一些变化，一些合伙人离开了，公司的业务也遇到很大的危机和调整。这时，冯仑在北京再见王石，一起吃饭，由于这时遇到了问题，才回想起王石当年讲的有些话很对。冯仑这才意识到学习先进的真正作用——"我们便成了好朋友，他和万科成为我随时随地观察和学习的榜样。"

西方有句名言："与优秀者为伍。"日本有位教授手岛佑郎，研究犹太人的财商，得出的结论是："穷，也要站在富人堆里。"他后来还以此作书名，写成了一本著名的畅销书。

不过，心态开放强调的不是环境决定人生，而是我们应该摆脱不利环境，主动进入能使自己变得更好的环境。"孟母三迁"就是个这样的典型事例，大多数人选择到更发达的国家留学和游学也是基于这样的心态。如果出国留学不能够得到更好的熏陶、教育、学习、锻炼，自然也就失去了出国的意义。

高校保安自学现象　1994年以来，先后有180多名北大、清华保安通过自学方式获得了大专、本科文凭甚至考上研究生，其他高校也不乏类似的例子。"到北京当保安，圆你大学梦"也成为了清华保安队在外省市招聘保安的广告语。《北京青年报》甚至毫不夸张地评价说：以前，从北大、清华毕业的成功人士接受记者采访时往往说："是北大、清华培养了我。"如今，一些曾经在北大、清华当过保安的人，也会自豪地说："是北大、清华培养了我。"

高校为什么会出现保安自学现象？是因为高校的保安跟其他地方的保安有区别吗？当然不是！专家的分析普遍认为：这是因为环境与动力的原因：其一，高校的环境适合学习。如果是在酒店和市场，环境嘈杂，就不适合看书。其二，高校有好的学习风气。年轻的保安会以大学生为榜样。其三，高校提供学习的便利。高校有图书馆，有教材和书，有各个专业的专业教师，也有成人教育学院。

绝大多数有所成就的人都是善于学习者，这种方式可以体现为进名校、拜名师、出身名门；也可以体现在自学能力上，中学没有毕业可以自学成才，白手起家，所谓"世事洞明皆学问，人情练达即文章"，做人和做事都一样是种宝贵的学习。

尚诺集团（我爱卡）董事长兼首席执行官涂志云接受采访时，就曾谈到去世界名校学习的收获："1997 年，我去了斯坦福商学院，斯坦福给了我一场彻底的创业洗脑。斯坦福的创业精神非常根深蒂固。那是个创业大本营，人人拿着计划书，不是在找投资，就是已找到投资，要不就在创业投资公司工作。受环境影响，我先在美国的网络营销公司 Digital Impact 做兼职，后来从学校休学全职工作，成为公司的营销科学家。"

西方的教育很开放，鼓励学生大胆思索，不迷信任何权威、条条本本、真理主义。你不需要引经据典来说服别人，因为大脑是解放的，思想是自由的，重要的是表达你自己的观点和看法。

马克·吐温曾发表过这样有趣的观点，他说："智慧的可靠标志是开放的心态。"

每个时代的天才、强者、成功者，都是能够超越"笼子"和"围墙"，开放自己的心态，进而自主命运的人。

人生的围墙，来自于各个方面，时代和环境、主观和客观、先天和后天。综合起来无非两类：其一是自我个性、品质、能力、思维的内在围墙；其二是时代、环境、背景等外在围墙。

我们要克服自身的围墙，就必须开放心态，主动弥补关键性的短板。譬如一个胆怯保守的人，要增加勇气；一个爱冒险专断的人，需要学会多听意见。而要打破时代背景和客观环境的围墙，则需要我们开拓视野，多走出去看看。由于许多意识上的围墙从受教育开始就已经内置，因此，"读万卷书，行万里路"，包括旅游和留学，都是很有效的途径。

德克萨斯太平洋集团合伙人王兟则这样形容牛津读书的收获：

"我想今后从事的管理事业，需要的不是尖深的学问，而是广博的知识以及思考、写作、沟通等多方面能力。更重要的是在西方接受教育，不应该只是为了获得谋生手段，而应该是为了解另一种文化形态的思维方式与社会价值。扎实的人文基础对一个人的生活修养和事业成功很有用。"

英国石油（BP）中国化工副总裁易珉认为，那些最有竞争力的人一定是："深入了解多民族文化，善于捕捉多边机遇，具有多元化头脑，善于包容不同思想的边缘群体。"游学和留学，以及整个人生的大开放，都需要有独立的人格和自由的思想，不数典忘祖也不自我封闭，开放但拒绝迷失和失去自我，才能掌握先进的技术和理论，了解国外骨子里的文化、思想、价值观等精髓，成为一个真正打破人生围墙的开放型成功者。

心态开放者面对学生，会用疏导、引导、辅导的方式来使学生成才，因为这是个个性成长、多元成功的社会；心态保守者，则会使用堵、封、灌输的教育方法，这正是计划体制教育的表现。

如何培养学生开放的心态呢？首先就需要有开放的教学环境心理学研究表明，人的创造力的表现和发展要有相应环境。一个人的创造力只有在他（她）感觉到"心理安全"和"心理自由"的条件下才能获得最大限度的表现和发展。教育学研究也表明，人在轻松自由的心理状态下才可能有丰富、自由的想象，创造思维中的灵感往往在紧张探索以后的松弛状态下才会出现。我们平时也常常有这样的体验：人在紧张、惊悸或者不自在时，注意力无法集中，不能专心思考，更谈不上创造了。这些都表明，适宜于创造力生长的环境应该是宽松、民主、自由的环境，即开放的环境。

每到寒暑假时期，新加坡的很多学校都会组织学生参加海外游学活动。一般来说，中国、马来西亚、泰国、澳大利亚是新加坡人最喜欢去的目的地。在新加坡，参加游学的多是中小学生，高中生并不多。学校举办游学活动的宗旨是为了让学生对外国文化有亲身体验，尽早培养起他们的"文化适应"能力。为此，新加坡教育部还专门设立了"海外姐妹校基金"，每年拨款450万新加坡元（1新加坡元约合5元人民币），争取让全国至少10%的学生在求学阶段能够参加一次游学。据教育专家预计，这项计划每年能使9000名学生受惠。新加坡学生到海外游学，除自己负担一部分费用外，学校也会采取动用教育部提供的日常运作费、储蓄基金等方式给予学生一定的补助。新加坡从小就培养开放的心态。

独生子女的"独生"意味着现在的没有兄弟姐妹，只有爸爸妈妈，或者再加上爷爷奶奶外公外婆，却没有同代的玩伴。怎样帮助孩子走出"孤独"？是所有父母乃至速整个社会都关注的话题。

打开心门，从小培养开放心态是十分重要的。把心门打开，别人才能走进去；主动与人合作，别人才能与你分享快乐。

"独立之精神，自由之思想"，这是国学大师陈寅恪的名句，也是他一生求索的真实写照。同期，著名教育家蔡元培倡导的北大精神则为："兼容并包、思想自由"。一个从个体的角度进行强调，一个从整体的角度进行强调，互为弥补。

拥有独立、自由的思想，善于主动学习和借鉴，这其实也正是我们个人对心态开放、打破围墙开放学习的核心追求。

第三节　开放心态　必备三部曲

耶稣在路加福音第八章，用了四种土壤的比喻，给了我们听神说话的钥匙。

在耶稣的时代，农民没有播种机。播种种子时，农民会拿着种子袋，到田里，或撒出去，或扔出去。当他扔出去后，种子会落到不同类型的土壤里。种子会因为它落在不同的土里，发芽，生长，开花并且结果不同。

在这个比喻中，农民代表上帝，种子代表他的话语，土壤代表当上帝试图和你说话时你会有的四种不同的反应。

如果你想听到上帝说话，你首先必须培养开放的心态。你要愿意，随时准备好，并渴望从他那里听到。这样你就可以收到他说的话。

心态开放，往往意味着眼界、脑界、胸界三方面的开放和提升，是一个从表象、技能、技术，进化为原则、道德、价值观的过程。这一过程总是先从眼睛有意识地纳入信息，再经过大脑分辨、思考、消化，提炼成能力，最后沉淀到心胸，升华成原则和立场，并进而指挥"眼睛"和"大脑"。

这在中国古代有过相当多的论述。有人将眼界、脑界、胸界的开放概括为：开放眼界，要"见微知著"、"高瞻远瞩"、"眼观四面"；

开拓脑界，"通古今中外、诸子百家，晓天文地理、世事人情"，并能够取长补短，利用差异；

开放胸界，"胸怀天下"和"志存高远"，并且拥有"海纳百川"和"豁达宽容"的品质。

1. 开放眼界

传说，有个人死后来到地狱，惊讶地看到那里放着一口巨大无比的钢锅，里面煮着各种各样的美味。可奇怪的是，地狱里的人却面黄肌瘦、愁眉苦脸地站在锅旁发呆，每个人的手里都拿着一把长柄勺子。说真的，那勺柄实在是太长了，可以用它舀到食物，却无法送回自己的嘴里！

于是，他又去了天堂，同样看到了一口盛满美食的大锅和许许多多的长柄勺子。但天堂里的人们却在幸福快乐地舀着锅里的食物，然后高高兴兴地送到其他人的嘴里……

这场景真耐人寻味！它告诉我们：孤独无助的人，是因为只看到自己的力量，而没有看到与人合作的力量；幸福的人，是善于与人合作，共享快乐的人。帮助孩子走出孤独，就要从小培养开放心态，培养与人合作的意识。

所以当别人家小孩来与你玩时，你要愉快地欢迎他们，接待他们，不要表现出满脸的不高兴；可以提出，要把家里的图书、玩具拿到学校与同学分享，父母要表示支持，不要借担心把东西弄坏为理由而拒绝孩子；当你的孩子老把自己关在房里不出时，你要想办法把孩子带出去玩，开阔他的眼界，培养他们开放的心态。

世人都喜欢夸耀自己见多识广。但对于一个心态开放的、志在成功的人来说，需要的不是夸耀，而是真正的见多识广。

中国有句古话："见多才能识广"。心态的开放，需要眼界的开放。佛教哲学说：我们不仅仅要用肉眼看世界，还需用心眼看世界。反过来也一样成立，有肉眼才有心眼，心眼又反过来指挥肉眼，两者相辅相成。

见多识广成就艾米　艾米·斯米诺维奇（Amy Smilovic。）是美国纽约市专门设计高端精品服饰的泰碧（Tibi）服装公司的总裁。在她领导下的泰碧公司 2007 年一年的销售额就达到了 2100 万美元。她成功的秘诀就是：用高品质的产品来填补市场空白。

艾米在孩童时期就俨然一个小企业家的样子，她曾经组织过小型的保姆联合会，还搞过柠檬水"连锁摊"。她强烈的经营意识最终让她在市场推广中大获成功。

但艾米总梦想能自己创一番事业，一番大事业。1997 年，她的丈夫被派往香港工作，艾米陪同前往。就在这期间，创建泰碧（Ti-bi）出现在她脑海中。因为当她走在香港街头时，她突然意识到没有人专门为她这种生活在亚洲的现代西方女性设计时装。

移居香港仅一个月后，艾米就设计并生产出一系列时装，设计主题是在美国运动休闲风的基础上融入了大量异国风情。随后她将自己的作品展示给她在香港结识的一群女性朋友，结果这些作品受到了空前的欢迎。就在炎热的夏季来临后，很多海外女性纷纷返回故土，泰碧（Tihi）品牌就和她们一起飘洋过海走进许多不同国家，很快就享誉国际。

2000 年，艾米返回美国发展，随即在纽约的 Soho 住宅区开设了一个面积约 3000 平方米的 Loft。现在，内曼·马库斯（Neiman—Marcus）、诺思壮（Nordstrom）以及萨克斯第五大道精品百货店（SaksFifthAvenue）等著名奢侈品店都有她设计的泰碧（Tibi）时装出售，人们也能在伊斯坦布尔、土耳其、伦敦、莫斯科或香港街头看到身着泰碧（Tibi）品牌的名媛仕女。

"时尚不等于赶流行，"艾米说，"就算你只打算为自己设计，也总会有人认同。世界很大，你一定能找到一群愿意和你穿同一风格衣服的人。"作为一个见多识广的成功女性，艾米绝对就是最好的例证了。

知识、信息是无价之宝，在别人眼里一钱不值的一条信息，在有心人眼里却可能发挥巨大的作用。让一只猴子在打字机的键盘上跳动，它是不可能打出一篇优美的小说的，可是在莎士比亚的笔下，这些字母却能汇集成优美的诗句和精彩的剧本。这就是说，同样一堆字母，在不同的人手里，价值是不一样的。

　　同理，一个博闻强记、见多识广的头脑，就是一座丰富的宝藏；如果再善于综合、整理、加工，那就会创造出巨大的价值。

　　信息是创业者的灵魂　比亚迪老总王传福的创业灵感就来自于一份国际电池行业动态，一份简报似的东西。

　　1993 年的一天，王传福在一份国际电池行业动态上读到：日本宣布本土将不再生产镍镉电池。看到这条消息，王传福立刻意识到，这将引发镍镉电池生产基地的国际大转移，意识到自己创业的机会来了。

　　果然，随后的几年，王传福利用日本企业撤出留下的市场空隙，加之自己原先在电池行业多年的技术和人脉基础，将自己的企业做得顺风顺水，财富像涨水似的往上冒。他于 2002 年进入了《福布斯》中国富豪榜。

　　同样，名人老总佘德发也是一个非常有意思的人。据说这个人不管走到哪里，随身都会带着两样宝贝：一样是手提电脑，因为这位名人在全国设有许多的分部、分公司，佘德发带着电脑走到哪里，哪里就是公司的总部；另一样是一个旅行箱，里面全是各种各样的报纸，佘德发走到哪里，就读到哪里，他将一箱一箱的报纸当成了精神食粮。

　　还有财富英雄郑永刚，据说他将企业做起来后，已经不太过问企业的事情，每天大多数时间都花在了读书、看报，思考企业战略上面。

　　一个真正开放的人，他是见多识广的。见多识广的人就比较容人，少见多怪的人就比较不容人。俗话说："总是睁着眼睛的人更容易发现机会。"对于一个心态开放、志在成功的人来说，要想在成功的道路上走得稳、走得准，就要真正的见多识广。广博的见识，开阔的眼界，可以很有效地拉近你与成功的距离，使你在创建事业的进程上少走弯路，从而更快地成功。

现实生活中，有人总会因为一时的挫折而走上了绝路，也有人会因为战胜挫折而成就一番更大的事业；有人会因为对手强大而畏惧，也有人会因为挑战强大的对手而使自己快速成为巨人；有人会因为产品没有销路而抱怨产品、抱怨公司、抱怨顾客，也有人会因为产品卖不出去而另辟蹊径获得成功。

所有的一切皆验证了大哲学家叔本华的一句话："影响人的不是事物本身，而是对事物的看法。"

"拿来主义"让华谊公司崛起　王中军创办的华谊传媒集团是中国内地民营影视业的龙头。但很少有人知道，华谊原来是家广告公司，其早期资本积累来源于广告业务。

1994 年，王中军在美国纽约州立大学获得大众传媒专业硕士后，回国在北京国际饭店成立华谊兄弟广告公司。刚开始公司做一本小杂志，刊登一些广告，然后直邮给使馆和三星级以上的高级公寓，生意勉勉强强。

王中军和华谊公司的转折点就是说服中国银行，让其全国 15 000 多家网点将五花八门的标识统一为红标黑字白底，实行标准化、网络化的管理。随后，华谊接下国家电力、中石化、农行金穗卡、华夏银行华夏卡的标准化规范项目，在成立的第三年，便跻身成为全国十大广告公司之列。

华谊能够抓住这个市场空白，并不是因为善于创新，而仅仅因为眼界的开放。王中军总结说："这是很简单的方式，在国外已经有几十年的历史，而中国没有。这也不是我的创新，而是我学别人的方式。在中国做生意其实很简单，只要你认真执行'拿来主义'，然后依照国情和自己的经济实力，去走别人走过的路就可以了。"

"拿来主义"在互联网企业中更为通用。许多中国互联网企业就是靠对美国"硅谷"商业模式和企业制度的"拷贝",进而获得风险投资,最后获得成功。再如马化腾虽然没有出过国,但他眼光开阔,看到了以色列人开发的聊天软件 ICQ,于是就从做 ICQ 的中国版——QQ 起步,由模仿到借鉴再到创新,最终因为过人的眼光而成为著名企业家和亿万富翁。

许多成功人士就是因为视野和眼界的开拓而成功创建事业,这种现象尤其在海归中普遍性地存在。通常而言,眼界是指我们视野所能到达的范围,也就是见识的广度和深度。一般有两个解释:

其一,视觉,眼睛所能看到的范围,也就是人们通常所谓的见和识,这是它的基本义。

其二,视野,我们能够观察或认识到的领域和范围,包括我们各方面的认知范围,这是延伸义。

心态的开放,需要眼界的开放。

开放眼界,首先需要超越自身的盲点,善于跳出"不识庐山真面目,只缘身在此山中"的局限,尽可能地正确认识自己和世界。

人的眼光要全面 余隆曾获得 2003 年"法兰西文学艺术骑士勋章",他是当今世界乐坛最杰出的中国指挥家之一。出人意料的是,他在上海音乐学院等指挥系开讲座,讲的最多的却是音乐指挥以外的事情。

余隆后来谈到自己为什么这么做:"我说这些让他们感到很新鲜,是因为音乐学院的学生历来都是专业至上,大部分人对班集体工作持轻视态度。我则一再强调不要以为上指挥系只是学指挥,人的塑造应该全面,不要放弃社会提供的任何机会,因为作为指挥总会面对大量的组织工作,需要有领导才能。此外还要有意识地积累知识,要多读书,认识到开卷有益。"

换位思考是一种典型的摆脱自我视角的方法。

生活上，我们需要学会"推己及人"，"己所不欲，勿施于人"，把别人当自己，"老吾老，以及人之老；幼吾幼，以及人之幼"。而在商业策划当中，要善于"易身处地"，把自己当成消费者，才能了解目标市场的潜在心理，"量身打造"产品和促销方案。在人生当中，更要常常用旁观者的角度来评判自己，才可能更接近客观和真实，从别人的角度去思索问题，才能善于与人沟通合作。

开放眼界，还要善于把握时代的发展趋势、国家政策改革的脉络、行业的动态热点，拥有超前的眼光。任何时代，务实者为俊杰，应时而动，与时俱进，审时度势，都有个"时"字，把握好时机通常能取得长远的胜利。

日本松下电器公司有一条成功的领导艺术："领导者要有认清时代潮流的眼光和预知环境变迁的能力，才能想出因势利导的方法，有先声夺人的气势。"

海尔集团的张瑞敏也有类似的说法："在计划经济体制下，企业长一只眼，盯住领导就够了……市场经济下企业则需要长两只眼，一只眼盯住员工，建立一个能让员工发挥才能、能够公平竞争的人才机制；另一只眼盯住用户，市场是所有员工的上级……但在中国从计划经济向市场经济过渡时期，企业还要长第三只眼睛，那一只眼用来盯住国家政策。"

开放眼界，还要习惯审视，不要在眼界开阔中迷失了自己。换句话说，习惯审视，就是要让眼睛发出大脑独立思考后的光芒。这其中的核心支撑，其实也就是我在上文中说的要有独立之人格，自由之思想。

习惯仰视，是很多中国人的一种通病。"高山仰止，景行行止。虽不能至，心向往之。"《诗经》里这句话很美，也许西方人讲不出这样的话，因为这其中包含着过度的谦逊顺从的韵味。反过来，西方人总是赞美敢于攀登和征服的"勇士"。中国人常把"领袖神化"、不敢挑战权威、不包容"异端"、做事教条主义等等，都是体现。接触的一些海归学子常犯这样的错误：以一种仰望和膜拜的眼光看待西方的理念和模式，因而没有将东西方文化融会贯通、整合消化。因此回国之后经常照搬"西方经验"，结果往往"水土不服"，还被人讥讽为"数典忘祖"。

习惯俯视则是一种自闭的心态，总认为自己高人一等，也总使我们盲目地排外和过于自负，不问形势，不看情况。例如，19 世纪末的义和团，在狭隘民族主义和信奉传统宗教文化的心态导引下，夜郎自大，排斥铁路、枪炮等一切与西洋有关的新事物，其结果历史已经作出了回答。个人的发展何尝不是如此！

2. 开放脑界

开放的心态，必须以一种富于弹性的心理为基础。也许，只有富有弹性的头脑，才能实现高度的开放。所谓"弹性头脑"，就是不呆板，不机械，不僵化。缺乏弹性的头脑，不能容纳"异己"的观念，一切和自己观念不相吻合的东西部被拒之门外。它就像一个过滤器，经它一"过滤"，大量虽有价值但和自己观念不问的新鲜思想都被拒之门外，这就使得对新思想的吸收，大大地打了一个折扣。有的人看问题常常带有一种"门户之见"，分为"你的思想"、"我的思想"，争论问题，提出方案，总是希望自己的思想战胜他人的思想。因此，不是积极地吸收对方思想中的有价值的部分，而是努力论证自己的思想，千方百计地对别人的思想加以驳斥：这种对于他人思想盲目的抵制和排斥，严重地阻碍着新观念的吸收和新思想的形成。现代青年在思想观念上也应当拆除门户之见，不分你的思想还是我的思想，应当兼容并包，在不同思想的碰撞和互补中闪耀出新的思想火花，组合成新的思想。

只有开放的思想，才能创造开放的社会，只有开放的心态，才能适应开放的社会。

《赢在中国》的成功　中国中央电视台视经济频道的《赢在中国》是中国最受关注的财经节目之一。这档节目吸引了十几万怀揣创业梦想的选手、三千多万元人民币的风险投资、数十位包括马云、李彦宏、柳传志这样的企业家。而这个节目的创意，正来源于总制片人王利芬在海外的见识和思考。

当时，王利芬来到美国布鲁金斯协会下的中国中心从事电视研究。在CNN总部最大的演播室，整个编辑、加工、播出、商业开发的高效流水作业，让她大受触动。随后，她受到NBC黄金档节目《学徒》的启发，开始思考将来可以借鉴美国模式办一档中国的商业人才选拔的电视节目。

可是，王利芬这个创意之所以能够成功，并不仅仅是因为她眼界开放，而是进一步的思考："完全照搬必死无疑。因为美国《学徒》中价值观的东西会受到中国观众的心理抵抗。"王利芬思考过后，终于找到一个中国化的主题——"励志、创业"，由此大获成功："前者是中国人奋斗精神的承传，是所有父母对孩子的期待，后者是今天中国向商业社会推进过程中个人实现价值的最好舞台。"

就算我们的目标物譬如机遇，在视野之内，你看到了，也知道了，但你会不会利用这个机遇，却还很难说。因为我们能否把握和利用机遇，还取决于我们能否对机会迅速敏感并得到重视，以及有相关的知识和能力储备。

我们都有这样的常识：对于不懂古董的人来说，无论多少古董摆在面前，战国铁器可能只是劣质的破铜烂铁，唐宋古画只是发了霉的废纸一堆，明清陶瓷则只是一些坛坛罐罐。

大脑的开放，将决定我们能否将外部视野转化为内在视野，进而传递到内心。

"金王"蜡烛的由来　陈索斌是一个"海归"，但他在美国留学取得的是经济学硕士学位，跟"蜡烛"毫无关系。在创业之前，他甚至从未与蜡烛行业有过任何接触。然而，他却选择了时尚蜡烛作为创业方向。

一切要从 1993 年一天晚上说起，陈索斌在朋友家中遇到停电，朋友的妻子找出一截红蜡烛点上。烛光下，红彤彤的蜡烛冒着黑烟，忽明忽暗。朋友的妻子就在旁边抱怨："如今卫星都上天了，怎么蜡烛还是老样子，谁要是发明不冒黑烟的蜡烛，说不定能获得诺贝尔奖。"

相信对蜡烛黑烟的抱怨，不只陈索斌一个人听过。但是，陈索斌与大多数人不同之处在于，他在"耳动眼动"之后还"脑动"过。不久，"金王"无烟蜡烛面世，再不久，"金王"成了中国的时尚蜡烛之王，陈索斌成了亿万富翁。

能促使我们大脑开放的莫过于思维的开放。

其一，我们要有思维的敏感，善于发现，善于判断，善于挖掘，并对新事物、新机会、新方法、新策略保持敏感。

敏感其实就是我们发现机遇的能力，在创业领域就是我们的商业嗅觉。经商要善于捕捉商机，写作要善于抓住灵感，作战要善于把握战机，这是一个成功者必要的灵感。不过，没有什么人的商业感觉是完全天生的，如同狗的鼻子虽然灵敏，嗅觉依然还是比不上经过后天训练的猎犬。

其二，我们需要培养创造性思维。

在创造性思维方面，我们尤其需要加强发散、逆向等思维方式，以打破计划经济体制下根深蒂固的惯性思维。

发散思维又称为辐射思维，一般而言，是指从功能、属性、因果、横向进行思维的发散，甚至包括进行风马牛不相及的联想，这需要一个人有丰富的想象力。

焦震的两次"思维发散"　鼎晖公司之所以能够投资早期的南孚和蒙牛，据说就是因为其公司投资总裁焦震两次思维"发散"。

1997年，焦震去天津了解朋友介绍的一家电池企业，这家企业并不是南孚。但在后来，焦震在调查中偶然听到一帮大学生聊天时提到南孚电池特别好用，这使得他对南孚产生了特殊兴趣，最终决定转而投资南孚电池。

焦震从不喝牛奶，有一天在超市里他却偶然发现牛奶还有很大的市场空间。于是，焦震通过高级经理王霖再通过关系找到内蒙古的朋友，经过多人牵线去主动接触牛根生和他的蒙牛集团。其时蒙牛正处于一个快速上升阶段，急需发展的资金，双方见面交谈的感觉也很好。于是，鼎晖联合摩根斯丹利、英联在2002年投资蒙牛2597万美元，持有32%股权，这成为了一个投资业的经典案例。

逆向思维又叫求异思维，它强调了人们要敢于与固定的思维方向"反其道而思之"，一般可分为反转、思维转换、缺点逆用三种类型。有名的"司马光砸缸"说的就是逆向思维，有人落水，一般人的反应是"救人离水"，而司马光却"让水离人"，并由此救了同伴性命。类似的例子还有人人都知道的"曹冲称象"的故事。

慈济体检中心第二家营业部在北京亚运村开业不久，"非典"就突然到来，几乎没人来进行体检，工资及房租却得照付。韩小红就是使用逆向思维来改变业务方向，市民不会来进行体检，但肯定会抢购预防非典的药。于是，她动员医疗门诊部的员工留下来加班，大家每天从早上8点一直忙到夜里11点，按国家公布的配方配制防御非典的中药，专卖温度计、口罩、干扰素、板蓝根等市场紧缺的物品。一方面企业可以保本，另外一方面也可以为非典所困的市民贡献自己力所能及的帮助，同时也起到了宣传人们要进行健康体检的效用。

马云的逆向思考　阿里巴巴的创始人马云在一次演讲当中，曾用幽默的逆向思维方式诠释他成功的秘诀。他说事业要经营得好，就是别人要的东西，他都弃之如敝屣：

"讨论会的时候，百分之八十、九十的人说同意，完了，我一般把这种想法扔到垃圾堆去。因为百分之八十到九十的人都同意的东西，我的竞争对手也一定会想到，会认为这是好东西。"

其三，要有多元的思维，培养综合全面的个人素质。

这是一种社会趋势。企业对于应聘者要求，趋向"一专多能"；现代家庭对成员的要求，倾向于"上得厅堂，下得厨房"；社会对于学者的要求，已是"通古今中外、诸子百家，晓天文地理、世事人情；明是非黑白、变迁兴替"，并且能够带来实际的社会效应。否则，只能算是专家，不是学者，更非大师。

3. 开放胸界

心态开放的最高境界是胸怀开放　耶鲁大学法学博士毕业的高志凯曾做过摩根斯坦利亚洲区副总裁，也在联合国秘书处和香港证监会等机构任过职，可以说是个典型的成功人士。高志凯就认为，他青年期最重要的两次人生"教育"，都是关于开放胸怀的教育。

他的第一次经历是为国家领导人当翻译。高志凯曾陪同李先念、胡耀邦等领导人出访国外，还陪同邓小平会见过尼克松、布什、蒙代尔、基辛格等外宾。由于"经常参与很多最高领导人重要讲话第一手的记录和整理，很多国家的战略方针必须熟记于胸"。这对高志凯的开放胸怀锻炼就非常大，他甚至认为"这对我一生都影响深远"。

他的第二次经历是在耶鲁大学法学院留学。开学典礼，耶鲁法学院的院长卡拉布雷西首先就问："同学们，你们来耶鲁是为了学懂法律条文的吗？"所有的学生都回答："是。"院长立即说："那你们不用到耶鲁来。"有的人问："那我们是来学什么？"院长回答说："你们是来学习如何制定法律。"

"耶鲁培养的不单是律师"，更重要的熏陶学生拥有国家领袖般的胸怀。所以高志凯认为："这就不难理解为什么耶鲁会出产这么多政治领袖：美国前总统福特、老布什、克林顿和现任总统小布什、副总统切尼……"这种强调胸怀一定要广阔的教育也让高志凯受益很多，甚至可以说他之所以能成为一个开放人，胸怀开放是其重要原因。

人生情境向来有三境界之说，首先看山是山，看水是水；再后看山非山，看水非水；最后看山还是山，看水还是水。实际上，山永远是那山，水永远是那水，而人之所以有视野中的变化，是因为你心态和胸怀有了变化，所以个人的情感和反应也有了区别。

道家的老子曾把当官的境界分为四个等级："太上，民不知有之；其次，民亲而誉之；再次，民畏之；再其次，民侮之。"

儒家则把人生境界视为修、齐、治、平。起步是修身，修身是做人之根，做事之本，处世之基。再后齐家、治国、平天下。最高的境界就是"心有天下"。因此，儒者追求"达则兼济天下，穷则独善其身"。

求解人生的天地境界 中国哲学家冯友兰曾把人生境界分为四个等级：自然境界、功利境界、道德境界和天地境界。这是类似于西方哲学家弗洛伊德本我、自我、超我的观点。自然境界是在生物本能范畴内求解人生；功利境界是在物质利己的前提下求解人生的意义；道德境界是在人人平等的基础上，也就是利人利己的原则下求解人生意义。最高境界则是天地境界，便是在宇宙的范畴内求解人生的意义。

心胸来自有视野，心态开放的最高境界就是胸怀开拓。

开拓心胸跟树立目标和理想的区别在于，这更强调一种人生格调和境界。人生在世，境界向来有高下之分，与你所拥有的富贵名利无关。

中国的古话说："吞舟之鱼，不游细流。海纳百川，有容乃大。"

李嘉诚曾经有一句名言："我李嘉诚在商场上只有对手，没有敌人。"

吴鹰的胸怀 2000 年 3 月 3 日，UT 斯达康在美国纳斯达克上市，当天市值便冲到 70 亿美元。这家公司的创始人吴鹰，所开创的"小灵通"神话，早已经载入中国改革开放的经济风云史。

1985 年，吴鹰带着 30 美元只身前往美国新泽西工学院攻读硕士学位，毕业后进入著名的贝尔实验室。一天，他的美国经理问他，将来想干什么，吴鹰不经思考就立刻回答：创办一个 1 万人的高科技通信公司。

吴鹰的口头禅是："做大事就要有大胸怀。"

成就吴鹰人生的，正是他自己的胸怀。数年之后，吴鹰创业，实现了过去的梦想。现在，吴鹰又做起了投资人，正在实现自己新的理想。

要开拓胸界，主要包括四个方面：

胸怀远大，有长期的远见和人生规划；

心态兼容，接受新的事物、思想、观念；

品德大度，能容纳不同乃至不对的人和意见；

性格开放，避免保守、固执、封闭、不会自省的个性和心境。

曾国藩和左宗棠当年都是清朝的中兴名臣，朝野中人惯以"曾左"合誉。左宗棠一向傲岸自负，对"曾左"的顺序耿耿于怀。据说，一日，他特意问自己的左右侍从："为何大家都称曾左，而不称左曾？"有一侍从就大胆回答说："曾公眼中常有左公，而左公眼中无曾公。"左宗棠听后，默然无语。胸怀正体现着一个人内心格局的大小。

英国曼彻斯特大学博士、现北京市丰台区副区长阎傲霜曾这样畅谈关于人生胸怀的感悟："回顾10多年的经历，最难过的是不被理解的时候。回国时除了房子我没要任何条件，有人不解，认为我可能另有所图；出国参加学术会议，有人不解，认为是为了观光旅游；事业干得太积极，有人认为是想出风头；意见不同而敢于直言被认为是太骄傲……那种时刻的痛苦难以表达。然而我是幸运的……研究院党委武秉陶书记经常出现在我身边，开导我、鼓励我、帮助我，至今我也常用她当年的话开导自己，并告诉身边遇到烦恼的朋友们：'一个人的心胸多宽广，他的事业就有多宽广'。"

一个真正心态开放的人，必然拥有远大、兼容、开放、宽阔的胸怀。

开放的心态既是一种自信、谦虚、理性的品质，也是一种理解、尊重和包容的个人风范。

不同的心态不同的结局 有一对情侣，相约下班后去用餐、逛街，可是女孩因为公司会议而延误了，当她冒着雨赶到的时候已经迟到了30多分钟，他的男朋友很不高兴地说："你每次都这样，现在我什么心情也没了，我以后再也不会等你了！"刹那间，女孩终于决堤崩溃了，她心里在想：或许，他们再也没有未来了。

同样的，在同一个地点，另一对情侣也面临同样的处境：女孩赶到的时候迟到了半个钟头，他的男朋友说："我想你一定忙坏了吧！"接着他为女孩拭去脸上的雨水，并且脱下自己的外套披在女孩身上。此刻女孩流泪了。但是，流过她脸颊的泪却是温馨的。

你体会到了吗？其实爱、恨往往只是在一念之间！

几年前，人们常常提起加拿大一枝黄花。其实，人们早在听到这个名字之前，就在花店或其他很多场合中见过这样一种颜色嫩黄、花瓣小而碎的花朵了。这种花常常被作为玫瑰、百合、康乃馨等花的配花。火红的玫瑰与淡粉的百合，再加上几枝嫩黄的加拿大一枝黄花，这种色彩缤纷的搭配受到了很多人的喜爱，而且加拿大一枝黄花既便宜又好养，所以也很受花店的青睐。可以说，加拿大一枝黄花虽然貌不惊人，又不够高贵，但是它的使用价值却是非常大。

最初，虽然很多人经常看到加拿大一枝黄花，可是却从来没有人注意过它，甚至很多人都不知道这种普普通通的小花有这样一个名字。后来，当人们开始注意这种小花，而且它的名字——"加拿大一枝黄花"被各种媒体铺天盖地加以介绍时，这种小花却要遭受灭顶之灾了。因为人们不得不想尽各种办法将这种小花从中国的土壤中驱逐出去，而事情的根源就在于加拿大一枝黄花的"霸道"。

虽然加拿大一枝黄花在花店中并不显眼，甚至还经常给人们留下"默默无闻"的印象，可是在田野中，加拿大一枝黄花却以其极旺盛的生命力和繁殖力而显得极其惹眼。当然了，植物本身具有旺盛的生命力和繁殖力这本来无可厚非，可是加拿大一枝黄花越来越疯狂的生长态势却会毫无控制地蔓延。由于其生命力和繁殖力极强，所以它几乎"霸占"了土壤中的所有水分和养分，其他植物根本就无法继续生存下去。如此一来，原本是各种植物共同营造的和谐田野，现在却变成了加拿大一枝黄花一枝独秀，自然生态环境的平衡性因此被严重破坏。如果生存环境受到严重破坏的本土植物会说话的话，它们必定会叫苦不迭地恳求人们迅速将"霸道"的加拿大一枝黄花赶出田野。

　　加拿大一枝黄花本来是我国从国外引进的，引进这种植物的初衷是要丰富我国的天然植物品种，增加我国的植被覆盖率，可是没想到现在却适得其反。后来经植物学家研究表明，加拿大一枝黄花在国外之所以能够和其他植物平衡生长，是因为国外的植物种类中有它的自然天敌扼制其生长速度，而当其被引进到我国时，由于它的自然天敌没能形成，所以它的生长就失去了控制，于是就导致了今天人们要想办法除掉它的局面。

　　如果加拿大一枝黄花没有那么"霸道"，凭借它的生命力和繁殖力，凭借它的实用性和观赏性，人们怎么会狠下心来对它"斩尽杀绝"；如果加拿大一枝黄花能够给其他植物以容身之地，如果它能稍微收敛一下，那它也不至于走到今天这个地步。

　　这些都让我们明白，做事情一定要用开放的心态，要有包容的心胸去面对他人。加拿大一枝黄花是没有思想的，所以它不懂得见好就收的道理，更不知道海纳百川、有容乃大的气度，所以它只能面对今天的局面。

　　我们可以张扬、可以狂妄，可是却不能不留给别人一定的生存空间。不能容纳别人便是和自己过不去。小聪明者常常锋芒毕露、咄咄逼人，不给别人以施展的机会，所以最后他们自己常常没有立足之地；大智慧者懂得点到为止，具有容人之度，所以他们的生命比别人更有宽度，也更有分量。

　　开放，应该是一种修养、一种个性，一种心态、一种气度；不是固步自封、不是固执僵化、不是排斥交流，是能够正确地对待自己、他人、社会和周围的一切。

第四节　敞开心窗　成功无止境

　　开放首先源于心态。国家如此，社会如此，个人也是如此。心态是人的意识、观念、动机、情感、气质、兴趣等心理素质的综合体现，是人内心时各种信息刺激做出反应的趋向。这种趋向对人的思维、言行、情绪、思想具有导向作用。因此，需要在生活中培养良好的心态；同时，良好的心态也会让生活更加美好。

　　工作的定义　一部由真实故事改编而成的日本电影，名字叫做《扶桑花女孩》。这部影片描述的是在日本东北的一个小镇上，当地居民都以挖煤为生，然而煤矿公司的生意每况愈下，公司的对策只有两个：一是裁员，另一个是打造一个叫做夏威夷的度假村，希望借着度假村的成功，创造村民的就业机会。

　　度假村名为夏威夷，是因为日本东北部比较寒冷，人们一直向往能拥有夏威夷般的温暖，因此，策划者想借这个名字来吸引游客。那么，既然这里是夏威夷，当然就要有草裙舞的表演了；所以煤矿公司便请了一个舞蹈老师来教村中的女孩跳舞。

　　然而，村民对煤矿公司裁员已经很不满意了，对女孩子跳舞给人看更是无法接受，所以报名的人非常少。

　　但是，随着煤矿裁员人数的增多，由于经济因素的制约，很多年轻女孩甚至一些已婚的妈妈也都来报名了。在这个故事中，最精彩的地方是村中的一个女孩为了坚持自己的理想不顾家庭的反对甚至不惜离家出走，最终成为舞蹈团台柱子的奋斗故事。

　　直到有一天，片中女孩的妈妈看到女儿跳舞的美姿才改变了她对工作的定义，过去她认为只有流汗流血的挖煤矿才是工作，现在她也承认通过跳舞娱乐身心疲惫的人，也是一个正当的工作。因为她的改变，全村庄的人也开始改变，使这原本要失败的计划成功了。

这个村庄也因为度假村的成功增加了许多工作的机会，村庄也没有因为煤矿公司裁员而没落。

其实，故事再精彩也只是故事，而真正能让人们深思的是故事的寓意。这部电影提出的一个思考就是——开放还是封闭？

在这个故事中，当初那些学跳舞的女孩在为村中的未来打拼的时候，一些村民竟然因为被裁员，因为女人跳舞给人看不是一个什么正当的职业为理由，曾大肆地反对"夏威夷度假村"的成立，并且不准家中的女孩参加，还阻挠度假村的工程正常进行。这些人完全不管这个靠挖煤矿的村子就要因为没有工作可做而落败，也不管大家都要失业没饭吃而离开，他们只想坚持自己的传统，只想保持自己的落后的价值观。

一个会改变并接受正确想法的人往往是一个开放的人，这样的人不但不会被时代淘汰，而且还会常常享受到成功的喜悦；相反，一个封闭的人，也就是一个不愿改变、不愿接受正确思想的人，最终会被时代所淘汰，这样的人也往往会生活在许多的懊悔中。因为他拒绝改变，同时也拒绝了许多成功的机会。敞开封闭的心门，才能缔造强者人生。

当今世界是一个自由开放的世界，是快速交流信息的时代，也是不同观点平等沟通的大地球村。在这个开放的世界，你若不对别人开放，别人也就不会对你开放，要和别人合作，首先就是要有一个开放的心态——以开放的思想，面对开放的世界；以开放的精神，迎接开放的人生！

开放意味着接收和容纳，而封闭则意味着隔绝和保守。开放则发展、则先进、则强大，封闭则落后、则被动、则挨打。

举个不太恰当的比喻，龙卷风杀伤力很大，不仅是由于它本身内部高速旋转的气流，而是因为它本身就是个开放的体系，能够把周围一切的物体席卷而起，飞沙走石，这样才使它的杀伤力成倍地增长！

如果一个有能力的强势的人，还能够博采众长，那么他的强大也一定会像龙卷风一样，不可限量。

世界上没有可以靠自己独立发展的国家，也同样不存在懂得所有东西的能人。具有开放心态的人，必定倾向于大家都开放，因为这有利于他了解情况，控制局面。

强者不是天生的，强者也并非没有软弱的时候。强者之所以成为强者，就是因为他能开放自己，把自己展示给众人，让人们指出他的弱点和不足，进而战胜自己的弱点，弥补自己的不足之处。所以，他最终成了强者。

向世界第一挑战 早在日本刚刚战败的 1946 年，一个名不见经传的汽车小厂"丰田"就开始立下雄心，制订出向当时汽车王国美国挑战的计划。作为战败国，"丰田"公司在资金技术上根本不能与实力雄厚的美国的汽车大公司相比，而且在 1949 年以前驻日本盟军司令部还禁止日本制造汽车，但这些都没有能够阻止日本人向美国汽车挑战的雄心。30 年后，日本汽丰击败美国，成为世界最大的汽车王国之一，"丰田"汽车也成为世界上家喻户晓的日本名牌。

日本"尼康"公司原是生产军用望远镜的军工企业，日本战败后不得不"军转民"，"尼康"开始转产民用照相机。当时世界上的照相机王国是德国，"尼康"公司就把自己的产品定位于赶超德国照相机。30 年后，日本照相机击败德国照相机，现在世界上高档照相机的 90% 都是日本产品。二战前世界上的手表王国是瑞士，战后日本的"精工"等公司又把产品目标放在赶超瑞士手表上，现在日本超过了瑞士，成为世界手表生产大国。

具有开放心态的人，既能检讨自己也能审视他人，他们能看到自己的不足，也能看到别人的长处。

在我国历史上，刘邦是个非常有自知之明的人。他认为自己在许多方面都不如别人，而他最大的优点就是善于用人，善于听取别人的意见。所以，他能从各种复杂的讯息中迅速做出正确的判断并立即执行。这也是他能够取得成功的最重要原因之一。

同样，历史上有许多能力出众的人，但却经常自负，不愿听从别人劝谏，最终逃脱不了失败的命运。

面对挫折的态度，最能够检验出一个人的价值。一个有着进取、开放心态的人，能够正确地对待挫折，并能迅速地从挫折中汲取养分，然后又快速前进。对他们而言，所谓的挫折，只是命运为了增强他们的实力而设置的学校。他们知道，人之所以会犯错误，是因为人都会有弱点，有不足。而挫折就是为了让自己看清不足，然后改正、进步，变得更好。就像人会感冒或者发烧，这就是人体内的白细胞在和病菌作斗争。平时得一得这样的小病，反而会增强自身的抵抗力。相反，如果一个人不能在挫折中恢复过来，那么他也就不可能再成长了。

古人曾经大力提倡和推崇过"清心寡欲"，从庄子的虚无主义，到老子的"无为而治"，从儒教的"重义轻利"，到佛教的"四大皆空"，无不要求人们放弃追求和进取的雄心。这些东西结合到一起，构成了"清心寡欲"的深刻而又久远的思想渊源。

古人修身养性，常把"清心寡欲"奉为信条之一；怀才不遇的文人墨客，也常以"清心寡欲"来平息意中不平，冲淡心中失意。至于封建社会小农经济制度下的旧式农民，则更要时常用清心寡欲"来进行可怜的自我安慰和自我麻醉。贫穷把旧式农民的愿望压制到最低的生理限度，愚昧使他们无所求，封建专制更使他们不敢有所求。他们无力同自己的命运抗争，一小块土地便是永恒的乐园。如果风调雨顺，那是上天的恩赐；一旦徭轻赋薄，则更是皇家的仁慈。"清心寡欲"不仅使他们在最低生理限度的生活下获得一点点可怜的欢乐和慰藉，而且在封建专制统治下也是他们避免遭祸的一种武器。凡事知足、随遇而安以至逆来顺受，是封建专制时代所要求的道德规范。而一切与之相反的思想、行为，都被视为"大逆不道"，对古圣贤之言稍有微辞，就是"异端邪说"。因此，旧式农民有着十足的胆小怕事心理，一代接一代的长辈们，无不以"清心寡欲"、"知足常乐"圳诫和管教后辈。就这样，统治阶级的大力推崇，文人墨客的渲染称颂，加之平民百姓世代相传的"祖宗遗训"，竟使得"清心寡欲"久相流传而不息，并随着历史长河的流逝而深刻地浸透到民族心理素质之中，达到了"刻骨铭心"的程度。

当然，"清心寡欲"未必就是恶德。对于那些贪得无厌，利欲熏心的人来说，"清心寡欲"不失为一副有效的良药。清心寡欲，能使想入非非者现实一些，使贪婪之徒清廉一些，使牢骚满腹、常怀不平的人心情平静一些。对这部分人来说，确实有必要提倡一下"清心寡欲"，但是，对于多数人米说，却很难说"清心寡欲"是一种美德，它的本质是消极的，保守的，没有出息的。清心寡欲就意味着放弃追求和进取，意味着停滞、守旧和无所作为，它只有过去，没有未来，只有活着的动机，没有生活的激情。它是希望的泯灭，进取动力的干涸和社会活力的衰竭。如果现代青年都来"清心寡欲"，人人不懂得开放，而且无远大志向和追求，那么，我们的民族就将是没有希望的民族。

当今社会的飞速发展变化，不允许我们"清心寡欲"。今天的世界，技术革命，知识更新、旧传统的破灭、新文明的兴起，正如浪潮般地冲击着人们的生活。这是全面创新、奋力进取的时代。生活在这个时代，生命在于进取，使命就是创新，一旦停止追求和进取的步伐，就会被时代抛到后面。因此，我们就是要有进取的雄心、创新的欲望，在不停顿的追求中把我们的社会主义现代化事业推向前进，并在为社会奋斗的过程中使自己不断提高和完善。

今天的社会是充满竞争的社会，日益激烈的竞争也不允许我们"清心寡欲"。竞争就是实力的较量、进取步伐的较量，它无情地把一切惰性的人、不思进取的人、无所作为的人抛在后面。竞争使无为者屈辱，无能者恐慌，无所事事者在激烈的竞争中连一天舒心的日子也过不上。如果说，在过去相对静态的社会，"烦恼皆因强出头"，那么在激烈竞争的今天，正好反过来，"烦恼皆因不出头"。落在竞争的后面，你就不得不品尝弱者的滋味，并不可避免地承受着弱者所带来的一切心理痛苦。

从心理上说，"清心寡欲"起源于对自身的消极保护。它既是对自己无法达到境界的一种自我解嘲，也是对环境过分妥协的产物。它的本意无非是想通过"清心寡欲"，来减少以至避免追求中的烦恼。因而就其本质说，与其说是自我保护，倒不如说是自我贻害，与之相反，人胆追求、永不知足的精神，则来自跳出了个人狭隘眼界的远大抱负和历史的、社会的责任感，来自对自身力量的充分信心和敢于掌握自己命运的勇气。不必用"清心寡欲"来为自己竞争中的无能寻求自我安慰，实际上正是这种消极的心理束缚了你的才智的发挥。我们每一个人都是一座力量和智慧的矿山。不管你现在显得怎样平凡，怎样微不足道，你都可以是奇迹的创造者。这里的关键，在于你必须为一个崇高的目标而永不停息地开掘你自己富饶的矿藏。

生命的意义在于以开放的心态不断地追求。摒弃"清心寡欲"

的精神枷锁吧，你的灿烂前程就在你的大胆追求之中。

成功的人生就是开放的人生。这种开放首先就源于拥有开放的心胸。这种开放的心胸，就是一种主动进攻、检讨自我的强者心理，也是一种勇于进取开拓、敢于修正自我的奋斗哲学，更是一种积极沟通与合作的处世原则和心胸开阔的生活境界。它能使弱者变强，强者更强。心态开放的人必定是强者。

心态开放的人可化劣势为优势。心态开放的人具有开放的视野，他们了解自身，能见常人所不能见。

最大的劣势就是最大的优势 有一个 10 岁的美国小男孩，在一次车祸中失去左臂，但是他很想学柔道。后来，这个，男孩终于拜了一位日本柔道大师做师傅，开始学习柔道。可是，在他学柔道的三个月里，师傅只教了他一招，对此他总有点弄不明白。

过了几个月后，他随师傅参加他有生以来的第一次柔道比赛。但令他没有到的是，他居然轻轻松松地就赢了前两轮。到了第三轮时，他才觉得稍稍有了点艰难。但这时，对手却变有些急躁，对他连连发起进攻。

而他也总是敏捷地施展出师傅教他的那一招，果然他又赢了。就这样，他稀里糊涂地就进入了决赛中，对手比他高大、强壮许多，似乎更有经验。没过多久，他就显得有点招架不住了。这时，裁判担心他会因此而受伤，于是叫了暂停，打算就此终止比赛。可是，他的师傅却不答应，坚持说："继续下去。"

比赛重新开始，对手放松了戒备，这个小男孩立刻使出了自己的那一招，也就是这一招，那个对手终于被重重地摔在了地上，他赢了比赛，夺得冠军。

回家的路上，小男孩和师傅一起回顾每场比赛的细节。这时，小男孩才终于鼓起勇气道出心里的疑问："师傅，我怎么凭一招就能赢得冠军?"

师傅答道:"有两个原因:第一,你几乎完全掌握了柔道中最难的一招;第二,据我所知,对付这一招惟一的办法就是对手抓住你的左臂。所以,你最大的劣势也是你最大的优势。"

劣势不可怕,可怕的是自己的心理。只要有一个开放的心态,保持一种处之泰然的心胸,劣势也会变成优势。对待所有事物都要有开放的视野,视野不广就会为盲点所困,视野不远就会鼠目寸光。

有阳光就足够了　1972 年,新加坡旅游局给总理李光耀打了一份报告,大意是说:我们新加坡不像埃及有金字塔,不像中国有长城,不像日本有富士山,我们除了一年四季直射的阳光,什么名胜古迹都没有,要发展旅游事业,实在是巧妇难为无米之炊。

李光耀看过报告,在报告上批了一行字:你想让上帝给我们多少东西?阳光,阳光就足够了。

后来,新加坡便开始利用一年四季直射的阳光,种花植草,在很短的时间里,发展成了世界著名的"花园国家",旅游收入竟连续多年居亚洲第三位。

上帝给每个国家、每个地区的东西确实都不太多,就拿我们身边知道的来说,它仅给杭州一个西湖,仅给曲阜一个孔子。就拿个人而言,它只给了牛顿一只苹果,并且还是掷过去的,它只给了迪斯尼一只老鼠,这只老鼠还是在迪斯尼自己连面包都吃不上的时候到达的。上帝的馈赠虽然少得可怜,但它是酵母,只要你是有心人,你会惊喜地发现上帝的馈赠是多么丰厚。

面对不幸,面对困境,我们所要做的不是怨天尤人,自暴自弃,而应该是打开心胸,不断地捕捉生存智慧,以开放的心态承受苦难、直面打击,这样才能在挫折中使自己成长起来。

电视剧《北京人在纽约》之所以吸引人们的眼球,除了剧情外,关键是它充满着一种积极向上的力量，鼓励人去努力，去奋斗。剧中有一句很有名的话："如果你爱一个人，那么让他到纽约去吧，那里是天堂；如果你恨一个人，那么让他到纽约去吧，那里是地狱。"

这句话很有意思，纽约对于一些人来说，是个天堂，而对于另外一些人来说，则是名副其实的地狱。区别地狱和天堂的尺度，其实就在自己的心理。对于心态开放的人来说，那里就是天堂，而对于心态狭隘的人来说，那里毫无疑问就是一个地狱。

世界上的任何事物都是多面的。如果我们只是局限于其中的一个侧面，很可能这个侧面就是让人痛苦的。但是，你若能将这种痛苦转化成快乐，那么所有的不幸、失败与损失，也都有可能成为我们有利的因素。正如一位哲人说的："命运在向你关闭一扇门的同时，又会为你开启另一扇窗。"

优势与劣势，强与弱，不是绝对的。只要我们保持一个开放、自信、乐观的良好心态，往往就可以化腐朽为神奇，劣势也会变成优势。

心态开放者，更见多识广，更能够学习和借鉴有用的知识，更善于与人沟通合作，自然也就会有更多的机会成功。所以，心态开放才能成功无止境。

最佳创意是自由任其选择　世界著名建筑大师格罗培斯设计的迪斯尼乐园时，经过了 3 年的施工后，对外开放在即了。然而，各景点之间的道路该怎样设计还没有具体的方案，格罗培斯心里十分焦躁。

格罗培斯大师从事建筑研究 40 多年，攻克过无数建筑方面的难题，在世界各地留下了 70 多处精美的杰作。然而建筑中最微不足道的一点小事—路径设计却让他大伤脑筋。对迪斯尼乐园各景点之间的道路安排，他已修改了 50 多次，没有一次是让他满意的。施工部打电话给正在法国参加庆典的格罗培斯大师请他赶快定稿，以便按计划竣工和开放。

接到催促电报，他心里更加焦躁。巴黎的庆典一结束，他就让司机驾车带他去了地中海海滨。他想清醒一下，争取在回国前把方案定下来。汽车在法国南部的乡间公路上奔驰，这里是法国著名的葡萄产区，漫山遍野到处是当地农民的葡萄园。一路上他看到人们将无数的葡萄摘下来提到路边，向过往的车辆和行人吆喝，然而很少有人停下来。

可是，当他们的车子进入一个小山谷时，他发现在那里停着许多车子。原来，这有一个无人看管的葡萄园，你只要在路边的箱子里投5法郎就可以摘一篮葡萄上路。据说，这座葡萄园主是一位老太太，由于自己已年迈无法料理而想出了这个办法。起初，她还担心这种办法能否卖出葡萄。谁知，在这绵延的百里的葡萄产区，她的葡萄竟然总是最先卖完。

她这种给人自由任其选择的做法使大师格罗培斯深受启发，他下车摘了一篮葡萄，就让司机调转车头，立即返回了巴黎。

回到住地，他给施工部发了一封电报：撒上草种提前开放。

施工部按要求在乐园撒了草种，没多久，小草就长出来了，整个乐园的空地都被绿草覆盖。在迪斯尼乐园提前开放的半年里，草地被踩出许多小道，这些小道有窄有宽，优雅自然。第二年，格罗培斯让人按这些踩出的痕迹铺设了人行道。

1971年在伦敦国际园林建筑艺术研讨会上，迪斯尼乐园的路径设计被评为世界最佳设计。

这是一个渴望成功的时代，每一个人都渴望自己能够成为成功者。但事实上并不是每一个人都能取得成功。成功者之所以能成功，不仅是因为他们具有超越常人的才华，更为重要的是因为他们拥有决定人生成败的良好心态。

具有开放心态的人，会主动听取别人的意见，改进自己的工作。别人的意见就是对你最好的礼物，可是，如果你没有足够的气度，就可能会丧失掉这个成长的好机会。比尔·盖茨经常对公司的全体员工说："客户的批评比赚钱更重要。从客户的批评中，我们可以更好地吸取失败的教训，将它转化为成功的动力。"

比尔·盖茨本人就是一个心态非常开放的人，他鼓励公司里每个人畅所欲言，当别人和他有不同意见时，他会很虚心地去听。每次公开讲演之后，他都会问同事哪里讲得好，哪里讲得不好，下次应该怎样改进。这就是世界首富的作风。

开放的心态既是一种自信、谦虚、理性的品质，也是一种理解、尊重和包容的个人风范。开放的心态意味着我们既不能妄自菲薄，也不要盲目排外。为什么有些人就是比其他的人更成功，能赚更多的钱，拥有不错的工作，而许多人忙忙碌碌地劳作却始终只能维持生计。其实，人与人之间并没有多大的区别，关键就在于他是否具有一个开放的心态，是否能博采众议，吸收他人之长，补己之短。

开放是人生成功的第一步，特别是对于刚起步的创业者，如果能保持一种开放的心态，也许你就已经成功了一半。而那些所谓的巨头们，如果开放一点，也许就可以站得更高、看得更远了。

第二章　开阔视野　开放心态的前奏

一个开放的社会意味着什么？意味着外边的事物要进来，意味着这个社会里的人要接受更多的外来事物，意味着与外界更多的交流。处于这个社会中，你就不能躲在自己的小世界里，自我封闭。自我封闭只会导致自己目光短浅。一个人的成功和他视野的宽度、深度和维度紧密相关。俗话说："眼界决定境界，视野决定成功。"如果不想被时代抛弃，你就必须提升自己，放开心胸做人，放开眼界做事。

第一节　国际视野　提升高度

在很久以前，曾经有三只小鸟，它们一起出生，一起长大，到羽翼丰满的时候，又一起从巢里飞出去，一起寻找成家立业的位置。

它们飞过了很多高山、河流和丛林，飞到一座小山上。一只小鸟落到一棵树上说："这里真好，真高。你们看，那成群的鸡鸭牛羊，甚至大名鼎鼎的千里马都在羡慕地向我仰望呢。能够生活在这里，我们应该满足了。"它决定在这里停留，不再飞走了。

另两只小鸟却失望地摇了摇头说："你既然满足，就留在这里吧，我们还想到更高的地方去看看。"

这两只小鸟继续飞行的旅程，它们的翅膀变得更强壮了，终于飞到了五彩斑斓的云彩里。其中一只陶醉了，情不自禁引吭高歌起来，它沾沾自喜自喜地说："我不想再飞了，这辈子能飞上云端，便是伟大的成就了，你不觉得已经十分了不起了吗?"

另一只很难过地说："不，我坚信一定还有更高的境界。遗憾的是现在我只能独自去追求了。"说完，它振翅翱翔，向着九霄，向着太阳，执著地飞去……

最后，落在树上的成了麻雀，留在云端的成了云雀，飞向太阳的成了雄鹰。

站在不同的高度，其视野肯定是不一样的。唐诗云："白日依山尽，黄河入海流。欲穷千里目，更上一层楼。"这脍炙人口的绝句，可谓妇孺皆知、耳熟能详，其最浅显的道理就是：只有站得高，才会看得远。

站得越高，看得越远，这是亘古不变的真理。正所谓"会当凌绝顶，一览众山小"，人只有站在高处时，视野才会无所阻挡，而且站得愈高，看得愈远，才能把风光一览无余、备感快慰。但是，假如你置身于群山环抱之中，那就只会见到树木，而不能见到森林了，正所谓"一叶障目，不见泰山"。

高度决定视野，视野的宽阔与否决定着对世界的认识程度，影响着个人的胸怀与志向，最终支配了个人一生的命运，人生的欢乐与痛苦就是由其所站立的高度决定的。有些人总喜欢说，他们现在的境况是别人造成的。环境决定了他们的人生位置。这些人常说他们的情况无法改变。说到底，如何看待人生，都是自己决定的。

对于当今的人们来说，要超越纷繁复杂的困惑，就要垫高人生的高度。有了高度，就能对混沌蒙昧的现状看得更清，从而发现解决之道。有了高度，就能看得更远，必然也会充满信心和盼望。有了高度，更有了势能，不但处变不惊，而且集聚了无比的能量，时机一到便可像洪水一样奔涌而下，势不可挡。

视野的阔窄会直接影响到我们对行为的选择。高瞻远瞩则会有广阔的视野，会有更多的选择余地。

这帮老外真傻 一天，在中国西北某农村来了一个英国摄制组。其中一个老外找到了一个当地的柿农，要买 200 公斤柿子，出价为每公斤 4 元。

柿农听后大喜，他们认为这可是天上掉下个大财神。因为老外出的价格可比市场上的价格高出了近一倍，以这样的价格来收购他的柿子，怎能不叫他欣喜！但是，老外有个条件，要柿农亲自从树上摘柿子，还要演示一下贮存柿子的过程。

柿农欣然允诺。

柿农爬到树上，用绑有弯钩的长竿，看准热透的柿子用力一拧，柿子就掉了下来。他老婆在下面把掉进草丛的柿子逐个检到竹筐里。两人一个摘一个捡，一边干活一边拉家常。英国人则在一旁端着摄像机把他们摘柿子、贮存柿子的过程全部拍摄下来。

英国人对拍摄效果非常满意，数出 8 张百元人民币，交给柿农，正要走人，柿农突然问了一句："你们不带走这些柿子？"老外笑着说："我们买柿子是为了拍片子，这个目的已经达到，柿子就留给你做纪念吧。"

送别老外，柿农对老婆讲："咱一个柿子没少，坐地就挣八百块，这帮老外真傻！"

读到这里，你认为这个老外傻吗？其实，老外一点也不傻。因为吸引老外的不是柿子，而是西北农民采摘、贮存柿子的过程。老外把这个过程摄下来，制成另一种商品——信息产品，利润便会相当可观。

所谓高明、有智慧的人，不过是能够见人所未见，并且能够创造形势，以利于自己的未来与期望。而平凡人之所以为平凡人，就是因为不能看见未来的财富。明智的人总会在放弃微小利益的同时，获得更大的利益。

在 21 世纪，全球化风潮已是时代的趋势。这不仅给国家、给企业带来了冲击，同时也给每一个生活在这个环境里的人带来了前所未有的挑战。所以，生活在这个环境里的每一个人都应该具有国际化视野和国际核心竞争力。

在国际化时代，国际视野就是人生开放必不可少的成功要素。只有拥有国际化的视野，才能够对时代发展、国家政策、市场行业、周围环境有深刻的洞察力和敏感度，进而更好地规划人生、把握机遇。

"不谋全局者，不足以谋一域，不谋万事者，不足以谋一时。"当今世界局势日益变幻，国际贸易摩擦日益加剧，经济全球化、区域一体化一浪高过一浪，国际经济社会发展的晴雨表已渗透到世界每个角落，牵一发而动全身。在这样的大环境、大背景下，我们一定要有世界眼光，要胸怀全局、放眼世界，把握世界发展的大势和时代脉搏，以高瞻远瞩的眼光来观察认识世界、洞悉国际动态，从国际大局中认识和处理潜在的机遇。

人才国际化，重在能力和素质的国际化。海外留过学，会讲外语的人并不一定就是国际化人才。一提到人才国际化，人们习惯上先想到英语。仿佛只要说得一口流利的英语，就算人才国际化了。如果真是这样，那些英语为母语的国家，孩子一生下来不就是国际化人才了吗？显然并非如此。这是人才国际化最糟糕的误区。语言只是一种交流工具，不是人才国际化的识别标签。

人才国际化，这个"化"的重点是人才具有国际水平的能力和素质。曾看到这样一篇报道，两位中国教授在国外发表演讲，一位操一口流利的英语，阐述自己的学术观点，赢得阵阵掌声；另一位的英语磕磕绊绊，最后干脆用中文演讲，再通过翻译译成英文，同样赢得阵阵掌声。不难看出，这些掌声都不是赢在英语是否流利方面，而是赢在他们的学术研究成果上。

人才国际化，对于一些人来讲，似乎还有些"遥远"，但是人才国际化的现实需求却真正地正在一步步迫近。随着经济全球化的推进，如今国内市场与国外市场的边界几乎已经不再存在，世界各国之间的经济联系日益密切，人才流动已经开始呈现国际化的态势。据统计，全世界大约有1.3亿人在境外工作，国际性流动人口约占世界总人口的1/50。从参与全球经济竞争的角度看，人才国际化不仅是关于某一个人的命题，而且是一个国家乃至世界范围的命题。

在国际化的时代，拥有国际化视野就是一种超前的眼光。要习惯审视，不要在眼界开阔中迷失自己。换句话说，习惯审视，就是要让眼睛发出大脑独立思考后的光芒。不要因为年龄而嗟叹，认为自己跟不上时代的变化，事实上能否跟上时代的发展与年龄无关。积极进取的有心人总能找到时代的节拍，没有激情的人纵使再年轻也会被时代淘汰。毕竟这是一个电子时代、一个金融全球化的时代。人类的进步、社会的发展就像一部电子版的书籍——你没有感觉到书页的翻动，而整个进程却像频闪般飞逝。

俗话说："识时务者为俊杰。"在任何时代，只有那些应时而动、与时俱进、审时度势的人才能把握好时机，通常他们也能取得长远的胜利。

美国前总统林肯指出：卓越的天才不屑走别人走过的路，他寻找迄今未开拓的地区。

《财富》杂志（中文版）曾做过一次"中国商业领袖国际化调查"，其中概括了全球商业领袖必备的8项能力：

全球化视野——将整个世界纳入他们获取资源和职业竞技的平台。

国际知识——关心并了解国际上发生的所有事情。

领导变革——计划、领导、激励以及有效执行变革的能力。

开放型的管理风格——关心他人，分享你的感受，适当的时候共担领导力。

跨文化的管理能力——能够在不同的文化环境中保持高效的管理能力。

适应不确定环境的能力——在不确定环境的条件下，自在而有效的决策能力。

乐观思维和成就欲望——即使面对挫折也能保持自信心，并制定奋斗目标。

远景管理和激励人心的能力——能清楚描绘、表达未来发展方向，并且激励他人。

《财富》随后采访调查了一些中国企业家，结果显示，受访者的观念与其能力二者之间最显著的差异是全球化视野。在接受调查的企业家中，绝大部分人（83%）认可国际化视野的重要性，而自认在实践中具备这种能力的人却只有22%。

我们都有这样的经验：无论用什么方式走路，无论脚步再快，都不可能比目光更快更远；无论如何在行程中选择捷径，肯定不会每条道路都去尝试，总要通过视野进行选择；最后，无论一个盲人如何善于使用拐杖，一个没有视野的人，绝不可能依赖拐杖进行奔跑。

一个人一生的脚步，绝不会超过其视野的极限。

人生的成功与否，尤其是培养开放的心态，更与视野开拓息息相关。也正因为视野决定人生高度，所以古人才有登高望远的名言，也才有坐井观天的警句。

21 世纪的中国正发生日新月异的变化。"全球化"和"国际化"以前还属于学术名词，现在正深入渗透到我们生活的方方面面：从可口可乐到麦当劳，从牛仔裤到波音飞机，从国际长途电话到互联网，甚至从艾滋到非典，这个世界的一切无不息息相关。因此，2008 年北京奥运会的口号是："同一个世界，同一个梦想"。

用在纳斯达克上市的第一家中国高科技企业亚信公司董事长丁健的话说："全球化已经不是你想不想、愿不愿意的事情，而是你必须考虑的事情。"

全球化的时代，只有国际人才能引领。

2007 年，中国已经超越美国成为世界经济需求的最重要驱动力。但是，中国因为缺少太多的国际人才，依然制约着"中国制造"成为"中国创造"。麦肯锡曾有调查报告表示：中国 10 年间将急需万个有国际经验的职业经理人，而现在相应的供给量只有 3000 到 5000人；瑞士洛桑国际管理学院 2005 年的《世界竞争力年鉴》曾将 60个经济体进行排名，中国高层管理人员的国际经验被排在第 59 位；麦肯锡另一报告还表示，正因为缺乏国际化人才，中国企业大都不敢"走出去"进行海外并购。

这些调查报告表明：中国目前急缺国际化的人才，尤其缺少具备国际视野、通晓国际经济"游戏规则"、跨文化和国界操作能力、能利用东西方差异带来的机会的国际化人才。

SNC – Lavalin 成为跨国公司的诀窍 世界最大项目管理咨询公司之一的 SNC – Lavalin 公司能够在全世界 100 多个国家做项目，成功的诀窍正是"Think Globally，Act Locally"（国际化的思维，本土化的行动）。而且，公司敢于聘用来自世界各地的人才，包括来自中国的人才，这种开放的国际化公司里，只要有才华就能够得到重用。

　　20 世纪 80 年代末期在海外这样一个当时近万人的著名国际知名大咨询公司里，就是加拿大本国人也很少见。而其能够重视和吸收来自世界各地的人才，是与他们的国际化视野分不开的。

　　在国际人时代，国际视野也是人生开放必不可少的成功要素。

　　在"出国留学的最大收获"的调查中，选择拥有国际视野，占海归有效回答人数的。这已经成为绝大多数海归共同的首要选择和共识。其次才是语言能力和专业知识的提高。这充分说明了国际视野在个人事业当中的重要性。

　　李嘉诚在演讲时，提到成功的企业领导时，首先提到的就是国际视野："企业领导必须具有国际视野，有全景思维，有长远眼光，务实创新，掌握最新、最准确的资料，作出正确的决策、迅速行动，全力以赴。"

　　当下最能代表国际化程度的当属商务领域。2001 年开始出任中国建筑集团 CEO 的孙文杰，在央视《对话》中提及中建公司在 20 世纪 90 年代金融风暴中所受到的损失，曾感慨：最重要的原因就是过去没有用全球化视野去看待问题。

　　社会和时代的急需，对于个人来说，正是一次很好的机遇。

　　BP 中国公司化工副总裁易珉曾这样反驳出国才是国际化的观点："很多人第一反应就是出国，到国外去才能叫国际化。出国、接受国际化教育对确定国际化的思维模式有帮助，但并不是走出去了就会国际化，国际化更重要的是改变一种思维模式，改变一种行为，改变一种游戏规则。这就好比原来我们是打手球的，现在改为足球，我们要学会用脚去踢球。"

　　用新东方"三驾马车"之一的徐小平的话说，人才没有"海龟"与"土鳖"之分，只有受过现代教育的人，受过国际化教育的人："我看过大量的留学生回到国内很土，不仅是'土鳖'，而且是土豆。好多没有留过学的人思维却很先进，很国际化，比如说柳传志、杨元庆、马云、王石等人，联想公司总部都搬到美国去了。"

名校之所以值得"羡慕"，之所以能出更多国际化人才，正是因为名校注重培养学生的"国际视野"，而不是天生就很国际化。

在清华经济管理学院，国际化不是一种选择，而是一种必需，历任院长对于这个共识从来没有被打破过。很久以前，清华经管就鼓励使用英文授课，认为培养出来的学生只在中国有竞争力是远远不够的，还必须能够自如地与世界交流，在国际舞台上有竞争力。

作为清华经管学院的国际化教育　2006 年，钱颖一清华经管学院的第四任"掌门人"，谈及自己被委以重任的原因时认为，清华经管学院的院长必须有坚定不移的国际视野，而自己 25 年海外背景与这一要求正好有着很好的契合点。他甚至半开玩笑地说："如果清华不想真正的国际化，他们也就不会找我了。"

钱颖一认为清华经管学院本科生培养区别于其他大学的最大特点之一，就是培养计划的国际化：第一，与中国经济的发展结合紧密；第二，与经济全球化趋势结合紧密："比如我们的本科课程实施双语教学，这使我们的学生既能用中文表达沟通，也能用英文表达沟通，能够适应中国市场，也能够适应国际市场的竞争。"

钱颖一自身就是清华经济管理学院国际化教育的受益者之一。他是清华 77 级的大学生。"我当时在清华念书，是上世纪 70 年代末和 80 年代初，就有机会跟国外来访的教授进行交流，选择学习国外教授在清华开设的课程，这个平台使得我能够有一个比较广阔的国际视野，也为我后来出国深造提供了相当好的机会。"

钱颖一认为："一所国际化的经管学院，至少应包括三个方面：国际化的视野、国际化的课程、国际化的师生。"大学生要从中受益，后两方面取决于学院的努力，而国际视野则需要靠自己主动锻炼。

年轻人如果希望能够进入跨国企业，乃至出国深造或工作，甚至将来成为企业家或国际化职业经理人，就应该尽早培养自己的国际化视野，包括跨文化的沟通技巧和处理能力。退一步来说，就算大学生们刚刚毕业要从基层做起，不能够自己创业，不能够从事理想的工作，不可能接触国际化的商业活动，但未来他们迟早会掌握中国在全球化时代的命运的。

在培养国际视野上，留学和游学当然是个很好的途径，但也不一定非要出国。看书、读报、上网、进跨国公司、接受国际化教育都是很好的方式。以下几点是给那些没有机会和条件进名牌大学或出国留学的人的建议：

1. "傍大企"实习

大学生应该努力去品牌企业和跨国企业实习，去一个知名企业不亚于上一所名校。这些大企业在寒暑假都会通过各种形式面向全国招募实习生，并最终会留用一批实习生。例如2006年参与IBM公司暑期实习项目的学生，有40%的人最终留在了IBM，2007年的比例超过一半；再如惠普公司每年都招聘近200名实习生，大部分人均获得了留在惠普公司任职的机会。就算将来没有留用，也能够得到很好的锻炼，因为企业的"名牌"还会纳入你的简历和个人品牌中。

同时，普通高校的学生用不着过于自卑，企业终究是企业，招募实习生不亚于正式招聘，对于供养一个"名牌"大学生装饰门面没有太大的兴趣，他们更多的是看重笔试和面试的成绩，以及体现出的专业能力。

没有读过大学的跨国企业职业经理人 TCL集团前常务董事副总裁吴士宏就是个没有读过大学却成为跨国公司高级职业经理人的

开放型成功者，她甚至被某些媒体称为"打工女皇"。

吴士宏原来是个护士，但她视野很开阔，心态很开放，也敢于树立在别人看来不可能达到的职业目标。她先通过业余勤奋的自学，获得自考的英语大专文凭，接着1985年进入IBM公司，从勤杂工做起，凭借10年的学习和奋斗，最终成为IBM华南分公司总经理。而有了IBM这个工作背景之后，她后来的职业突围几乎无往不胜。1998年2月，吴士宏受聘担任微软中国公司总经理。一年之后，她加入中国知名企业TCL集团，成为副总裁，中间一度离开，后来又重新返回TCL。她的职业经历，正交织着中国文化传统所推崇的自强不息和现代社会所渴求的开放进取两种精神的结合。

2. 多结缘"国际化人士"

一个人的经历就是一本书，许多成功的国际人都可以给我们带来新的观念、价值、经验。大学生可以通过参加各类学校和社会上的讲座、论坛、会展服务、社团活动，认识一些有用的人或能带来启发的人，就业乃至创业时或许还有意想不到的帮助。而对于期望申请留学的学生来说，有时一份著名教授或知名人士的推荐信比学习成绩常常更有分量。

林毅夫在担任翻译中与舒尔茨教授结缘　曾任世行高级副行长兼首席经济学家林毅夫，是个富有传奇色彩的人物。他能够拜在著名教授舒尔茨的门下学习经济学，正源于他在一次义务翻译工作中结识了舒尔茨教授。

1980年，获得诺贝尔经济学奖的舒尔茨教授应复旦大学邀请进行学术访问。在访问结束前还到北大发表演讲。时值中国改革开放刚刚起步，高考恢复不久，学校找不到英语专业又熟悉西方市场经济学的合适学生做翻译。林毅夫是个特例，他原是从金门泅游到大陆的台湾军官，还曾因为"投笔从戎"而入选过"台湾十大杰出青年"，并在台湾获得过企业管理学硕士，再加上英语基础好，便担任了舒尔茨教授的翻译。

在翻译过程中，林毅夫的英语水平、现代经济学功底、过人的胆识，让舒尔茨教授深感惊讶和欣赏。舒尔茨教授回国后，主动写信给北大经济学系以及林毅夫本人，邀请他到芝加哥大学经济学系攻读博士学位。1982 年，林毅夫来到芝加哥大学，80 岁高龄、已有10 年没有带过博士生的舒尔茨教授破例将其招为关门弟子。后来，正是芝加哥大学的留学经历为林毅夫日后的事业发展打下了坚实基础。

3. 注意参加各种社会活动

目光不要只放在自己单位或校内，也不一定只看准奥运会这样的大型活动，可以多去参加各种活动，甚至参加展览会都可能有收获。中国每年都有大量的国际展览，其中有大量来自海外的公司。这些展览会期通常有一个星期，需要大量临时帮忙的人手。因此，不论来自什么学校，你可以主动提出免费帮助看展台，这中间有很多的机会，使你以"目见耳闻"的方式了解国际上的各种信息，进行文化交流，了解许多跨国公司的业务并建立联系，当然也能认识一些人，收获的也不仅仅是国际视野。

4. 打好自身国际化的基础积累

在专业技能之外，还需要掌握英语这一基本交流工具，开拓视野，了解一些国际商务通用的话语、规则、礼仪，提高跨文化的沟通能力。另外，还要了解一些国际化企业和成功人士的案例，这在简单的就业中都有帮助：当你在面试某个跨国企业的职位时，哪怕你不是名校或是名企出来的，当你掌握了该公司的内容，滔滔不绝地分析该公司及同业的龙头、竞争者、追赶者的战略得失，核心企业家的个人风格，这不正让你增加被录用的可能吗？这甚至可能比你有名校或名企的品牌更有效用。

第二节　突破视野　打破盲点

人们常说，放眼看世界，放开眼量看生活。一定意义上说，一个人的视野的大小，基本上等于他去过的地方的多少。

量子基金创始人之一、环球旅行投资家吉姆·罗杰斯用三年时间，驾车穿越 116 个国家的国境线，这让他有了更开阔的视野。所以，他无需进行投资冒险，他可以看到常人看不到的堆放在墙角的钱，他所要做的，就是走过去，把钱拾起来而已。

罗杰斯是个令人羡慕并钦佩的人。他确实是个彻底的行动派，他用自己身体力行的行动拓展了视野，验证了他的判断。罗杰斯通过与不同国家的公路收费员打交道，与小饭馆老板交谈，与街头小贩讨价还价。去了解一个地区的状况，去实地体验那里的投资环境。这让他眼界越来越广，视野也越来越开阔，他就越能看清事件的真相。

不同的志向决定了不同的人生命运。过去怎么样，现在怎么样，都不重要，重要的是你将来想成为一个什么样的人，想获得什么。

我们通常围于自己的活动范围，错误地理解和判断外部世界。一只蜗牛回忆自己的一次冒险经历：有一次，它不小心从树上掉下来，落到一只乌龟的背上，那是太危险了，风驰电掣的，乌龟速度太快了，差点把它甩下来。这就是蜗牛的心里话，这就是它的眼界，它的视野。

人都是站在以自我为中心的角度观察世界、理解世界、要求世界。被各自的利害关系所束缚，看到的多是对立、纷争和迷惑，感到的多是不满、沮丧与痛楚，这是因为被私欲遮蔽了双眼，颠倒了自我与世界的关系，将自我从世界中分隔出来，执著于自我而难以融入世界。在狭小黑暗的视野里自然也就难以把握世界的真相，不能把握世界的真相自然就会陷入迷惑、痛苦与不幸。

每个人都是造物主的工具，都是历史进程的垫脚石。人们以不同信仰的形式去实现各自的人生使命、每个人都是构成这个纷繁复杂世界的一分子，都是组成整个因果关系链中的一个环节。每个人都无权向世界索取什么，世界既不属于任何人，也不亏欠任何人。

如果一个人能够超脱种种利害关系的羁绊，以真理的目光去独立地审视世界，自然也就有了融人万物、洞察一切的可能，追求真理、不执著于自我也就能顺应自然，能顺应自然也就能从痛苦、执拗中解脱出来，迈人无惑、无痛、无惧的思想境界，徜徉在这种境界里也就能感受安详、宁静与空灵……

人类的情感来源于对事物的感受，感受的结果取决于对事物的认识结果。认识的结果则受制于所处的思想高度。要活出最好的生活，你就必须用一双自信的眼睛去看世界。

无论你是在想象中周游世界还是实际去旅行，两者都有益。主要是看看世界是多么大、多么奇妙。不要把自己圈在四堵墙内。有些人总喜欢说，他们现在的境况是别人造成的。环境决定了他们的人生位置。这些人常说他们的情况无法改变。其实说到底，每个人的境况归根到底都在于他如何看待人生，都是他们自己的选择所决定的。

开放视野，首先就要超越自身的盲点，善于跳出"不识庐山真面目，只缘身在此山中"的局限，尽可能地正确认识自己和世界。这都需要我们带着敏锐的眼光，去发现、交流。诚然，开放收获的并不都是正确和完美，我们要有试错的心态，容许出错，敢于学习、敢于执行、敢于承诺，不要怕付成本、交学费，只有这样，我们才能真正做到去回应、学习、创造、成长与发展，也才能更自信、富有责任感。

乾隆和马戛尔尼　1792 年，英国的马戛尔尼率领由科学家、作家、医官等 90 人组成的使团，拜见乾隆。在这次见面之中，满清统治者视野中的盲点毕现无疑。

英国人带来了最新的发明：蒸汽机、棉纺机、梳理机、织布机，还有当时英国最大的"君主号"战舰模型。英国人都以为满清贵族会感到惊奇。但乾隆却认为："天朝物产丰盈，无所不有"，这些不过是无用的奇技淫巧罢了。马戛尔尼还赠送过榴弹炮等火药武器，但是当 1860 年英法联军火烧圆明园时，英国人发现，几十年前赠送给清政府的大炮与炮弹都完好无损地摆放在那里——它们从未被使用过。

双方的争议当然还包括"地球是圆的"这个话题，虽然英国人都发现了清朝行宫中保存有明朝遗留下来的地球仪和《坤舆万国全图》（传教士利玛窦所赠，明朝曾全国公开出版，上面标有英国的位置）。但乾隆依然不知道英国在哪里，一个叫杨光先的大臣还散发文章说："若四大部州、万国之山河大地，是一个大圆球……竟不思在下之国土人之倒悬……有识者以理推之，不觉喷饭满案矣！"

马戛尔尼归国后，曾得出如此结论："清政府的政策跟自负有关，它很想凌驾各国，但目光如豆，只知道防止人民智力进步……当我们每天都在艺术和科学领域前进时，他们实际上正在变成半野蛮人。"因此，清帝国"不过是一个泥足巨人，只要轻轻一抵就可以把他打倒在地"。

事实上，正如马戛尔尼所说，清政府并不缺乏雄心，但关键在于他们"目光如豆"，视野中有一项"内置的帽子"——自我的盲点。所以，盲点也决定了统治者不可能拥有开拓型的国际视野，也不可能有开放的国策。因此，就算见到了先进的地球仪、战舰、火炮，他们也一样无动于衷。

对于任何一个人的视野来说，自我的盲点总是非常致命的。

埃里森在耶鲁大学的演讲　甲骨文的联合创始人兼 CEO 拉里·埃里森 2000 年在耶鲁大学做演讲时，曾创造一个新名词："内置的帽子"，在网络上流行一时。

他在演讲当中说："我猜想你们中间很多人，也许是绝大多数人，正在琢磨，'能做什么？我究竟有没有前途？'当然没有。太晚了，你们已经吸收了太多东西，以为自己懂得太多。你们再也不是 19 岁了！你们有了'内置的帽子'！我指的可不是你们脑袋上的学位帽。"

一个人在视野上的自我盲点，通常源于各方面的自我误区。第一种被先天的客观环境主导所造成的盲点，譬如传统文明、体制文化、出生环境、生活地域等所造成的视野盲点。先天盲点首当其冲的是文明，其次是文化传统，再次是体制。塞缪尔·亨廷顿所著的《文明的冲突》一书，便把文明冲突当作观察世界风云的重要视角。正如亨廷顿此书中所指出，冲突并非都是因为物质利益缘起，"文明"（或称"文化个性"）的不同也可以引起冲突。

文明和传统文化的盲点或误区，则必须依靠文化观念的正本清源来解决。有时候，它与知识多少、品德好坏、个人好恶无关，只与文化观念有关。譬如大家都说的民族性，法国人的浪漫和德国人的严谨，这就是先天文化传统的影响。对于那些文化习惯封闭的人来说，明知道创新有益，依然觉得很难接受。相反，对于崇尚冒险和创造文化的民族来说，就算个人因循守旧依旧能够取得成功，他们也依然觉得没有成就感。

著名主持人杨澜离开央视去美国哥伦比亚大学留学时，班上有很多同学就来自国际家庭，譬如爷爷是西班牙人，奶奶是匈牙利人，爸爸从阿根廷来，妈妈在纽约上班，这种独特的经历让杨澜意识到自己文化传统所带来的先天盲点："我发现世界上原本有各种各样的人、各种各样的思维方法，同样的事物有来自于不同角度的各式各样的看法。从此，我不再那么自以为是，不再以为自己以前一贯接受的观点肯定是正确的了。"

相对于文明和传统文化的影响来说，体制所造成的盲点"来得快去得也快"，不会根深蒂固。这类客观体制所造成的盲点例子也有很多。譬如"文革"时期整个中国的大多数人都怕自己有个"富爸爸"，而仅仅 10 年之后，大多数中国人又都恨自己没有一个"富爸爸"。

"难以理解"的盲点　上海创开无框阳台窗公司的董事长应钢星从芬兰留学归来，就曾遇到过一些体制上的"盲点"问题："我们认为很简单、应该很好理解的事，有时在别人眼里恰巧不简单，很不让人理解。尤其是你的项目业务是全新的，我们国家原来不曾有过，管理部门没有碰到过或涉及过，目录上对不上口，就会困难重重。"

"我们注册一家公司，专门在工厂里用生产线来生产一种生态别墅或木结构住宅，我把这家公司取名为某某生态别墅制造公司。问题就来了，遇到的问题是工商局不让注册，注册人员说，如果是别墅制造公司，性质如同房地产开发公司，需要相关的房地产资质要求。我们努力向他解释说：我们不是房地产公司，我们不买土地，不开发房产，我们只是产品制造商，把房子作为一种产品，在工厂流水线上制作，制造完成时卖出去……"

"注册人员还是不理解。我一个朋友在工商局工作，于是我只好先去向朋友说明透彻。我首先申明：这不是来走后门，我们公司从事的行业是在欧美普及程度已经很高的工厂化制造行业，你甚至可以理解成这种产品就像制造简易帐篷和蒙古包一样……幸亏最后我的朋友理解了，通过朋友的努力，注册人员也理解了，注册才终于过关。"

无论是文明、文化还是体制，先天的盲点当然可以后天解决，譬如我们可以通过出远门学习、工作、旅游的方式，来修补我们在单一意识形态和文化传统主导下所造成的价值观、文化、思维上的盲点。

当然，我们还可以用在本国接触国际人、看世界各国的新闻、熟悉国际文化、接触国际社会和事务等各种方式来弥补先天盲点。重要的是你首先要自己心态"开放"，然后才能打破盲点，进而人生开放。否则，先天的东西还是会主导后天的行为和思维，"兼听则明"只能是一句空话。

第二种盲点则是主观因素所造成的盲点，如思维方法、个性品格、知识技能、自身利益等。"先天"的盲点，我们还可以找点借口，说这是"非战之罪"，这是"时代的局限"，这是"体制的原因"。主观的"盲点"则完全是个人原因。

"两众合并"：摆脱自身利益带来的视野盲点

2003 年，同一行业同在上海的聚众传媒和分众传媒分别获得了首轮 50 万美元融资，随后双方扩大战线，开始了短兵相接。分众此后获得了软银中国、鼎晖创投等众多投资机构的入股，而聚众的主要投资方是凯雷。双方投资者中如鼎晖创投的创始人吴尚志和凯雷董事总经理何欣，都是开放型成功者。

　　这场"战争"进行到 2005 年，双方都陷入到"杀敌一万，自损八千"的恶耗当中，而渔翁则已经出现。此前不久，世界第二大户外广告集团法国德高贝登以 1 亿美元收购了两家香港上市公司媒体伯乐和媒体世纪，从而几乎垄断了上海的地铁和公交车广告。但基于自身利益带来的视野盲点，使双方都没有选择放弃较量。2005 年 7 月，分众传媒抢先在纳斯达克上市，聚众传媒也不甘弱，在获得凯雷第三轮融资（此前已向凯雷融资达 2000 万美元）后，虞锋高调宣布在半年内上市。

　　聚众的上市走到"就差最后申请这一步"的时候，8 月，美国高盛的一位朋友来找何欣提关于聚众和分众合并的话题。2 年前，分众首轮投资方软银中国曾提议聚众和分众的合并，不过，虞锋拒绝了。高盛是承销分众上市的投行，这时话题重提，却得到了聚众上市主承销商摩根斯坦利和凯雷的同意，原因很简单：合并能减少彼此的竞争消耗，发挥整合优势，得到资本市场的追捧。

　　何欣回忆说："晚上半夜 1 点了，虞锋给我打电话，讨论此事。听得出来，他有些犹豫，是啊！这是很大的事。上市与合并，其实各有利弊，一方面上市也是指日可待，一方面合并的好处也是显而易见。关键是看虞锋个人的利益得失和企业的未来如何平衡和取舍。"

　　最终，虞锋接受了这个必须摆脱他自身利益和感受限制的建议，同意了这次合并。2006 年 1 月 9 日，聚众和分众达成合并协议，几乎控制了这个行业的全部市场，"合并后，分众股价由 30 元涨到 70 元，充分获得了市场认同，可谓皆大欢喜。"

　　一般而言，个人主观因素主导的盲点，主要集中在个性、认识、知识和技能，以及自身利益带来的局限上。

拓展视野，并不是刻意地去看书或是学习，其实在生活当中将你周围的点点滴滴加以留意，多对自己身边的人和事问一声"为什么"，对遇到的不知道的问题多查一查，这都会加深你的记忆，扩大你的认识。

眼界决定境界，视野决定成功。唯有把目光放长远，方能赢得美妙人生。这就是人生需要"开放心态、开放视野"的根本原因。

第三节　开拓视野　克服局限

所谓高明、有智慧的人，不过是能够见人所未见并且能够造势以利于自己的未来与期望。而平凡人之所以为平凡人，就是因为不能看见未来的财富。明智的人总会在放弃微小利益的同时，获得更大的利益。

在 21 世纪，全球化风潮已是时代的趋势，这不仅给国家、给企业带来了冲击，同时也给每一个生活在这个环境里的人带来了前所未有的挑战。所以，生活在这个环境里的每一个人都应该具有国际化视野和国际核心竞争力。

这就要求我们要从更高、更深、更广的层面来审视今天，正如马克思主义世界观分析和认识问题所用的方法那样："用普遍联系的观点和宽广的眼界观察世界，把世界看作一个相互联系、相互依存、相互交融、相互激荡的统一的整体。"绝不能做一个"井底之蛙"，只有一孔之见。

一位老师讲《资本论》时说，他最佩服的能人有三个，一个是苏格拉底，一个是老子，一个是马克思。因为他们是"站在太阳上看地球的人"。其实他讲的道理并不深刻，"会当凌绝顶，一览众山小"、"登泰山而小天下"。正所谓：站得高，才能看得远。突破限制，才能有更广阔的视野。

1. 读万卷书，打破时间限制

经济学家的学习观　法国百富勤亚洲公司董事总经理兼总经济师陈兴动，他回忆在北大读书，就是因为原北大教授、现中国人才研究学会副会长王通讯的一次演讲，从而彻底改变了自己的学习观。

当时，王通讯在演讲中说："现在你们花费大量的时间学英语，算一下，如果考90分只需要花100个小时，但是要考到95分就需要200个小时，90分和95分只是5分之差，却要多花费100个小时，值得吗？为什么不拿出这100个小时再去学一门课充实自己呢？"

陈兴动就是被这段话打动了。后来，除了经济系的课程外，他还选修了生物、哲学、历史、地理、语文写作等课程，经常跑到其他系去上课，学得比那些专业的学生还认真。陈兴动认为，这种多元学习扩大了自己的基础知识面，开阔了视野和思路，对日后的事业发展有很大的帮助。

世人都喜欢夸耀自己见多识广，但对于一个志在成功的人来说，需要的不是夸耀，而是真正的见多识广。因为创业中的信息，其实就来自于眼界视野，主意的产生，经常需要外界的刺激和触动。

人生开放所带来重要优势之一，就是帮助我们拥有广阔的视野，并获得最广泛有用的信息、资源、机会。

开拓视野，打破视野时间和空间限制，最重要的途径之一就是读书。

书是人类文明、经验、思想、智慧的传递工具。有位总理的座右铭就是左宗棠的名联："身无半亩，心忧天下；读万卷书，神交古人"。杜甫也有句名言："读书破万卷，下笔如有神"。但读书带来最重要的东西，不是"下笔"成文的素材和技巧，而是"下笔"挥就人生的思想、灵感、信息、经验、智慧。

简单说来，读书的功能有两个方面：

实用功能。提供打破时间限制的智慧和信息，承载超过个人容量的知识和技术，成为人生教材和信息传递平台，能为我们破除视野中时间和空间的"盲点"。所以中国还有句古话："秀才不出门，能知天下事"。

修身功能。读书能够修身养性，能够陶冶性情，能够供人娱乐休闲，是很好的精神食粮，这能让我们超越性格和情商上的盲点。

开卷有益，多学博知，这是古今不变之理。事实上，我们不可能事事亲为，不可能走遍世界上每个重要的角落，更不可能将整个世界都放在视野之中。而几本书往往就能跨越浩瀚的时空，让古今中外的智慧诉之于脑海；几份报纸就能跨越地理，让世界大事尽现眼前；甚至你只要鼠标轻轻一点，就能连接整个世界的各个角落。

读书对人生有潜移默化的影响　手握几十亿美元的橡树资本公司董事总经理朱德淼曾经是个有名的神童，14 岁从南方辗转到北方上大学。回忆大学生活，他认为自己最大的营养就来自于"看书"。

"那真是一个很荒诞的时代，但也百花齐放。各种古典的、当代的、中国的、外国的书都有的看。我最喜欢的是哲学，黑格尔、资本论、巴尔扎克……"当时许多人都是读着于光远主编的《政治经济学》步入经济学大门的。因为以前的底子太薄，这本《政治经济学》每每读到 50 多页，朱德淼就读不下去了。但他不服气，于是一遍遍地看。一本《政治经济学》，他至少重读了六七遍，直到烂熟于心。

朱德淼不仅懂经济和管理，他还是个高人文素养的诗人。他一向认为自己学生时代那些书没有白看："许多的基础就是那时候开始夯实的。那是我人生很重要的阶段，无论是逻辑上的积累、看问题的眼光还是思考的方向，都从那时候开始。"

金庸曾说过一句话："我宁愿做一个囚犯有读不完的书，也不愿做个衣食无忧但没有读书自由的人。"

瑞尔齿科的创始人邹其芳初中毕业16岁就在工地上充当搅拌水泥的工人，这种体力活大人都感到劳累，何况一个身体尚未发育成熟的未成年人。而改变邹其芳命运的，正是他的读书习惯，因为业余长期保持读书的爱好，他后来才能抓住恢复高考的机会考上大学。邹其芳后来回忆说："是书给了我生活的动力，是书给了我内心的踏实感，同样也是书，才使我不至于在以后的机会面前无动于衷、无所适从。"

我们需要注意的是，任何一本书的信息都会按一定标准经过某种程度的加工，这种信息的加工其实也就是过滤。由于信息加工主体的学识水平、价值取向等各种有意无意的原因，许多有价值的信息会被过滤掉。同时，今天也是个知识爆炸的时代，无论有多少时间、多大精力，我们一辈子也读不完整个世界一天内所出版的新书。

因此，一方面我们需要多读书，因为读书有用；另一方面书又太多，而且有其主观局限性，所以我们还要善于读书，懂得读书的方法，并且读书还要有目的、有选择、有思考。正如苏轼所说："博观而约取，厚积而薄发"；宋代另外一个诗人杨万里曾干脆表示："学而不化，非学也。"

爱因斯坦曾总结"一总、二分、三合"的读书法。

一总：先浏览书的前言、后记、序等总述性部分，再读目录，了解全书的结构、内容、要点和体系，对全书有个总体印象，以判断这本书是否值得读。

二分：在读了目录以后，先略读正文，不需要逐字读，尤其注意那些大小标题、画线、加点、黑体字或有特殊标记的句段，这些可能是作者自认为重要的地方。这样的目的是了解书中内容的主次重要性，以及对自己有益的部分，然后可以分清精读或略读的部分。

三合：在翻阅略读全书的基础上，对这本书已有个具体印象，这样再回过头来细读你所选择的精读部分，加以思考、综合，使其条理化、系统化，弄清其内在联系，达到深化、提高的目的。

这是一个很有价值的读书经验。

通过读书获得信息的过程中，要有自己主观意识的判断、引导、加工、总结，否则就会变成"死读书，读死书，读书死"。"书山有路勤为径"，但勤奋不等于乱读，多读不等于滥读。所谓"尽信书不如无书"，说的就是这个道理：读书要有自己的思考。因为我们读万卷书的目的是为了开拓视野，而不是给自己上一个内在的"笼子"。

2. 行万里路　打破空间限制

英国人培根曾有一句名言："对于年轻人来说，旅游就是一种学习的方式。"

中国近代的著名学者严复则说："大抵少年能以旅游观览山水名胜为乐，乃极佳事。因此中不但怡神遣日，且能增进许多阅历学问，激发多少志气，更无论太史公文得江山之助者矣。"

唐代大诗人李白年少时即走出蜀地，26岁"仗剑出国，辞亲远游"，花3年时间"南穷苍梧，东涉溟海"，用了16年漫游大江南北。这些丰富多彩的游历生活和广泛的社交活动也造就了他自由傲岸的性格和雄奇豪放、瑰丽绚烂的诗风。其诗歌题材之广袤无垠，想象力之奇特丰富，感情之激越澎湃，语言之清新俊逸，在中国诗歌史上无人能及。

古代没有电视、报刊、互联网等各类传媒，交通闭塞，通讯工具落后。因此，人类要扩大视野，增长见识，实现远大的抱负，也只能通过"读书"和"行路"这两个主要途径，以打破时间和空间对自身的限制。

"读书"和"行路"也就成了立志的常用词，"读书人"是社会精英的代名词，读书是和平年代改变命运的主要阶梯；"行路"则表示出外闯荡，昭示"非池中物"的志向。其中，"行万里路"更已经成为志存高远、坚毅卓绝的象征，是不畏道路曲折颠簸和严寒酷暑煎熬的标志，实质上意味着一种敢于冒险、思想开放、开拓见识的开放精神，换句话说，已经升华为一种开放的人生哲学。

所以，宗悫立志说："愿乘长风，破万里浪。"

岳飞立志说："三十功名尘与土，八千里路云和月。"

前中银国际总裁、现三山公司创始人李山曾这样表达"读书"和"行路"带给自己的收获："'读万卷书，行万里路'是我学生时代就喜欢的格言。人生只有一次，这期间能够去体验各种各样的生活方式，接触各种各样的人，了解各种各样的文化，是我们个人的幸运，更给了我们博采众长、学通中外的机会，给了我们参与创造一个崭新时代的力量和勇气。"

行万里路的青年李山　李山是四川人。青年时代在清华读书，就很注意视野的开拓，并曾计划要骑单车"行万里路"。当时的自行车是"时髦品"，李山就和三个同学写信给自行车厂商称打算骑车下江南，会有许多媒体关注，厂商如果提供自行车，等于免费打广告。此举果然得到了鞍山自行车厂的回应。校学生会为了给学生谋福利，曾从厂家直接购进笔记本、活页夹等文具用品造成了积压。于是，李山和同学全部盘下来，骑着自行车跑遍了北京几十所高校推销完毕，解决了路费问题。

准备好一切后，李山一行四人先从北京骑车到上海，一路登泰山，拜孔庙，游苏杭，再乘船到大连，最后从大连返回，行程共计42天。他们一路上遭遇了各种困难，路况不好、交通不便、旅途中没有旅店、蚊虫叮咬等等。由于成天在户外骑行，身上还"脱"了几层皮。

但是，很多年后李山都为这次行动感到自豪，因为收获很多，锻炼了胆量，也开拓了视野。他们也还成了新闻人物，《中国日报》、《北京晚报》等媒体都对这次活动进行了报道，学校还举办了一次关于他们骑车的展览，展出了他们的衣服、照片、自行车等物件。

李山这一经历对于年轻大学生来说，从利用假期时间、解决经费和交通工具、到行万里路的过程，都具有参考和借鉴的意义。

一个人不可能在孤立中成长，就像一个国家不可能在孤立中发展。青蛙一直呆在井里，所以才会成为"井底之蛙"。一个人要永远呆在一个地方，从来没出过远门，就会"孤陋寡闻"。一个学生只生活在校园和家庭之间，就可能习惯"闭门造车"，成为不适应社会的"温室里的花朵"。一个人的一生只能习惯一种单极的人文背景，很可能就会形成一元化的思维，变成"树挪死，人挪也死"。

行路，打破的是人与人、人与环境、人与社会、人与文化价值体系之间的围墙，有助于成就自己的开放式人生。对于学生来说，要充分利用暑假、寒假的时间，学会出外实习和打工，或者出外旅游，见识世面。尤其对小城市出生和小城市读书的学生来说，出远门更有必要——假如你不希望自己未来也在这个小城市。

读书和行路向来是不可分割的两个部分，两者结合在一起也就是游学。

中国古代的知识分子一向追求"读万卷书，行万里路"的游学。自有私学以来，就有孔子率领众弟子周游列国，增进学识，开阔视野。古代意义的"游学"，其实相当于今天的留学。荀卿为赵人，先后就职于齐、楚两国政府；韩非子为韩人，李斯为楚人，求学于荀卿，后来求仕于秦；这都算得上当时的出国学习和跨国工作。古人在"求学"和"行路"中所需要付出的牺牲、成本、毅力，是今人所无法比拟的，但尤其是在有百家争鸣的春秋战国，几乎所有成就非凡者都是敢于"行路"甚至不惜"跨国"的英雄，从商鞅、吴起、孙膑到张仪、苏秦等。

与东方人多在成年后游学不同的是，因为古代西方特殊的自然地理和人文环境，他们的精英自古大都在少年时即开始游学。像亚里士多德11岁时即外出求学，他一边学习，一边周游，掌握很多书本外的本领；一代乐圣莫扎特6岁时就随父亲和姐姐周游欧洲，开始长达10年的旅行演出；还有法国启蒙思想家卢梭生而丧母，从未进过学校，很小就走遍了全瑞士，到过法国很多地方，在流浪各地时阅读了洛克、蒙旦、莱布尼茨、笛卡尔等学者的著作，并结识了狄德罗、伏尔泰、孔狄亚克等许多启蒙思想家。到了近代，美国前总统富兰克林·罗斯福3岁时就随父亲到欧洲旅行，5岁到白宫晋见克利夫兰总统；华尔街金融霸主摩根从少年时代就开始游历欧美，广泛的阅历练就他锐利而坚定的商业眼光。正是广泛的交游，帮助他们具备了精湛的学识和远大的胸怀。

随着时代和科技的进步，人们获取信息的方式呈现多样化，足不出户就可以尽知天下事。一个电话就可以马上跟千里之外的人对话；轮船、汽车、火车、飞机等现代交通交通工具的先后出现，则让天涯若比邻。在新的现实社会中，人们颇多猜疑，"行万里路"还有必要吗？"行路"是否已经退化为一种休闲或"旅游"的方式？

"纸上得来终觉浅，绝知此事要躬行。"其实，"行万里路"依然很有必要。科技的发达，只是让"行万里路"的时间缩短，让消息获得的方式更迅捷，这并不意味着它的存在没有意义。

日本人在学习东方文化和西方文化上都舍得下工夫，而且经常青出于蓝而胜于蓝。但少有人知的是，在亚洲金融危机以前，在日本经济没有萧条之时，日本每年出国的总人次超出人口的一半。我们不能不说日本战后的经济奇迹，跟日本人喜欢外出接触外界、不排斥外来文化、追求国际化和开放式人生有关。今天的韩国人更甚，500万韩国人正在世界各地工作和学习，这竟占了人口的十分之一。

第四节　使用网络　了解新讯

开卷有益，多学博知，这已成为古今不变之真理。尤其是在当今这个信息泛滥的时代，任何一个信息，任何一种知识储备，都有可能成为你成功的助推器。所以随时给自己"充电"，广"开卷"，是开阔思路、抓住机遇的最有效途径之一。

在电视、电话、电脑等通讯工具高度发达的今天，"开卷"，在广义上已不再单指传统上的书本，它还包括读报刊、上网、看电视等多种方式。它们可以打破时间和空间限制，让我们放眼整个世界，可以让我们在最短最快的时间里，了解到最新的信息。

21世纪科技飞速发展的今天，网络在人们的生活、工作中扮演着越来越重要的角色，人们与网络的关系也越来越密切，网络给人们带来了种种的方便。

借助于网络可以方便地和朋友联系，加强朋友之间的感情交流．虽然是天涯海角，但同样可以面对面聊天，虽然不同时在线，但同样可以实现交流，虽然互不相识，但同样可以交流意见。借助于网络可以方便的查阅各种资料，丰富自己的知识，获得最新的资讯信息，也可以完全地表达自己的观点，而不会担心常人固有的偏见。

网络无疑成了人们越来越常用的沟通手段和娱乐方式。

可以说，开放在网络的世界里已经被演绎得淋漓尽致，恰恰也是开放使网络成了人们最喜爱的交流、学习方式，使人有了更开阔的视野。

在网络上，最突出也是最有价值的东西就是资源的共享和信息的快速交换。比如，你要学习某一方面的知识，只要你在网络上输入要学习内容的一个关键词，网络就会以最快的速度为你搜索到成百上千的包含你要学习的内容的网页，这些网页可以任你挑选和浏览。诸如此类还有很多，所以网络既可节约资金，又可减少很多不必要的重复劳动，这都是网络带给人们的好处。

当然，在网络上，信息也是最快速的，比如火车站或者航空公司售票处，把票务信息汇总后放在网上，任何人都可以随时在网上查阅，知道某一次列车或者航班还有多少张票。而且，通过购票系统你也可以在第一时间买到你所需要的火车票或飞机票。

还有，因为有了网络，《人民日报》就能在北京制完版后几分钟内便将版样传送到中国各地，甚至国外的印制点，这样，你在早晨6点多钟便能从报上知道报纸印制前半小时发生的新闻；也是因为有了网络，花都的农民在家中便可以把鲜花推销到世界各国。韶关的孩子坐在家中就可以上广州师范附中的网校，接受全国特级教师的课外辅导。可以这么说，正是因为可以通过网络进行远距离的信息交换和及时传递，从这个意义上讲，网络改变了时空，人与人之间的距离变近了，地球也变小了，信息变多了。

当今社会已经进入一个网络世界的崭新时代，网络是今后发展的主要趋势。因特网、电话全国联网、银行电子结算网络，肯德基、麦当劳连锁店等网络形式的生意，无一不在我们眼前频频展现，并与日俱增。可以说，用网络经营自己是你一生也挖掘不尽的宝藏。

这就是网络，模糊的、迷蒙的网络，它给予我们很大的想象空间、活动空间。在网上可以足不出户的购物、交友、求职、工作、娱乐、读书看报。可以说，历史上还从来没有一个事物能像互联网一样，这么快就改变了人们的生活、工作、学习以及娱乐方式，进而影响整个社会的发展。

最近一次科技革命，正是目前依然浪潮汹涌的信息技术革命，它把世界带进了互联网时代。仅在 1995 年，中国 30 个省市的 CHINANET 骨干网建设才刚刚启动，国人对互联网还一无所知。时至今日，据有关统计：中国已超过美国，成为世界"网民"最多的国家。经过短暂的十几年时间，网络已经成为我们日常生活不可缺少的部分。如今，在网上足不出户的购物、交友、求职、工作、娱乐、读书看报已经被普，所谓"宅男宅女"一族，过去还属于新新人类，现在已经不新鲜。

心理学教授对互联网的预言 美国马里兰大学的罗伯特·斯密斯教授，曾在其专著《互联网心理学》预言："就提供平等机会而言，互联网有以下引人注目的特点：在网上，相貌、年龄、种族、贫富、社会地位等所有这一切原本足以影响他人对自己印象的因素都不复存在。这就意味着当某人在网上发表某种意见时，他人对其见解的判断并不会受其上述特征左右，这是一种巨大的均衡力。"

"互联网将史无前例地为芸芸众生提供一个公平竞争的舞台，使得小小百姓也可能拥有前所未有的强大力量，可跟一个权力和财力大得多的对手展开竞争，说不定还能战而胜之。而在互联网诞生以前，'弱势群体'根本就没有机会展示自己。"

中国的"华南虎事件"也验证了这一个预言。官方的陕西林业局"鉴定"发布"华南虎"照片，结果互联网的信息共享让其难堪无比。张三质疑，李四鉴定，王五搜证据，天南海北互不认识的网民的"打虎运动"，促使相关部门不得不发表《向社会公众的致歉信》。

　　实际上，网络的行为和精神，核心本质就是两个字——开放。如果没有开放，也就只有个人电脑，无所谓宽带和网络，当然也没有"互联网"这一事物。并且，这种开放是真正彻底的开放，体现了平等、自由、共享、免费等精神，尽可能地抹去了从族群的文明、文化、体制、国界到个人的年龄、身份、知识、性格、思维等各种差异所带来的阻力因素，使世界成为一个整体。

　　对于个人视野来说，网络在信息上的资源主要体现在发布和接受两个方面。人人都可以成为信息的提供者，也可以成为信息的受益者，并且还不受地域、文化、官方和编辑主观意志等的限制。

　　因此，如果能够善加利用，将极大地充实自己的信息库，开拓自己的视野，使生活各个方面都会由此收益。譬如就业，网络求职对于求职者来说，就有方便、针对性强、覆盖面广、节省时间和金钱等好处。对于招聘者来说，也有节约成本、不受时间和空间限制等优点。2005年央视《东方时空》曾进行过一次调查，在"你最主要从哪个渠道获得招聘信息"的选项中，50%的大学生选择"网络"，而排在第二、第三、第四的选择依次为"学校公告"、"报纸杂志电视广告"、"亲友熟人"，分别占比例为21%、14%、9%。

　　在信息发布上，人人都可以自由发表言论，记录生活，这里没有先入为主的编辑，没有卡住信息于无形之间的政审，删除永远是滞后的……换句话说，网络的世界性通用和开放，以及BBS、论坛、博客等技术的成熟，让人们获得了"言论自由"的空间。并且，这种发布通常近乎免费。

　　凤凰卫视主持人许戈辉说："我们这一年一直关注博客。在采访中，我们发现年纪最小的博客主人只有8岁，最老的80岁。这些人每天记录自己的生活，用文字，像写日记一样；用图片，就是拍照片。一个社会有这么多的人将自己每天所看到的，耳朵所听到的亲身经历记录下来。长此以往，通过新媒体形式，我们能得到一个由许许多多不同行业、不同性别、不同文化、不同背景的人，记录下来的一个真实的社区，一个真实的城市，一个真实的国家发生的变化。"

在信息的接受上，网络的特点和优势一样明显，一样因为不受限制，而能够带来及时、自由、大量的信息。同时，随着相对于纸质和电视媒体等互联网新媒体的崛起，这种信息服务将更加完善。譬如，你看新闻再也不需要到楼下去花钱买份报纸，并且还必须要接受该报编辑的主观信息过滤、印刷发行等环节所带来的"非第一时间"的滞后性。只要在家"鼠标"一点，信息的提供免费、及时，并且从人民日报到其他报纸的新闻在网上样样免费可见，助你"广开眼路""兼听则明"。

当然，因为网络的没有限制，在现实生活中受到良性约束的事物也会跳进人们的视野。譬如他人发布的言论可能是恶毒的、恶意的、不正确的、没有公平立场的、侵犯隐私的，甚至可能干脆是散播病毒。但是，这些并不是网络的错，也不是网络开放共享的错，错的只是有意提供和传播这种信息的人。

唯一需要提醒的是，我们必须跟在现实生活中一样，要有自己独立判断和思考的智慧与能力，必须善用万维网。用一句年度最流行的网络语来说：就算信息"很黄很暴力"，关键在于自己不要"很傻很天真"。

其实，只要你会使用电脑，知道搜索的方法，在这里就没有你办不到的事情。

因此，在网络的平台上，人人都可以成为信息的提供者，也可以成为信息的受益者。这就是网络的合法本质——开放。

"网络化生存"已是许多人的现实。有关调查表明：和互联网的飞速发展一样，从 1995 年 5 月我国创办第一家互联网供应商到 2008 才走过 13 年，中国网民数量已飞速发展至 2．3 亿；网民从最初的懵懂，已蜕变成了网络文化的供应者，形成了一股不可忽视的推动社会进步的力量。

从网络本身来说，它是工具；从网络内容来说，网络是媒体，是文化，是经济，是通信，是娱乐。网络已经成为人们不可或缺的生活方式的一种，现在你要了解一点什么，上网基本能够获得答案。网络已让"人人皆媒体"成为可能。

对于所有新闻媒体来说，都品尝到了技术变革的滋味。如今，再没有任何人会否认网络对纸质媒体带来的革命，对于一种全新的媒体形式来说，10 年实在过于短暂。但是，10 年也足以让人们感受到势不可挡的力量，以及依然静静潜伏着的冲击力。

网络是年轻的。中国的网民更年轻，25 岁以下网民占到 51%，30 岁以下的占 70% 左右。我国互联网短时间内飞速发展，要感谢国家相对宽松的制度环境，正是宽容宽松繁荣了网络。

互联网已是一个开放的国度通向世界的必经之路，它带来的全方位的好处是不言而喻的。如果只有平面媒体而没有网络，许多事情都"没戏"，比如"华南虎照"事件，正是网络的持续接力才破解了真相，成为推动社会进步的一个典型。

而今，随着网络文化的进一步发展，网络媒体异常的力量开始展现，声势逐渐扩大。在网络世界里，网络上不仅包含了大量的信息和资讯，也包括了大量的网络文化的智慧、意见和思想。在网络的世界里，人们拓展了个人的知识视野。建立属于自己的交流沟通的群体。这正是新时代的一种新的文化现象。

博客的出现和繁荣，使人们的知识视野进一步扩大，真正突显了网络的知识价位，标志着互联网发展开始步入了更高的阶段。如今，博客已成为更多重要信息的来源。更多专业领域的博客也如雨后春笋，纷纷浮出水面，越来越成为关注的焦点。人们可以彼此分享自己的经验、想法、感受等，并由此形成一种新型的网络虚拟社群和人际交往方式。博客可以在很短的时间内，接触最鲜活的思想，浏览全球最好的新闻、文章、评论与报告，准确把握最新的热点、观点、动态和趋势，以文会友，进行深度交流与沟通。

放飞梦想，吟唱人生的旋律，相信网络将会变得越来越普及，越来越为更多的人所接受；越来越多的人也会从网络文化中受益。

第三章　拥有自信　开放心态无阻碍

　　美国作家爱默生说："自信是成功的第一秘诀。"又说："自信是英雄主义的本质。"而在当今这个可以充分展现自我能力的社会，自信更是创立事业、成就开放式人生、培养开放的心态的重要素质。没有自信，我们就没有办法迎接挑战、面对困境；没有自信，也就难以得到外界的支持。所以要成就开放式人生、拥有开放的心态，就首先要树立起自己的自信。

第一节　自信　开放的必备素质

　　开放的国家是自信的国家，开放的民族是自信的民族，开放的人生是自信的人生。

　　我们必须接受有限的失望，但我们绝不可失去无限的希望。

　　　　　　　　　　　　　——民权运动领袖马丁·路德·金

　　让自信成为公信，就必须找到合适的定位，知道扬长避短。

　　自信是成功者最重要的心理素质　美国布鲁金斯学会在其网站上有这样一句格言："不是因为有些事难以做到，我们才失去自信；而是因为我们失去了自信，有些事情才难以做到。"

　　在现代社会，一个没有强烈自信的人，很难赢得机会与成功。

　　成功者遍布各行各业，个性各式各样，创业之路互不重合，管理方式也不一而同，可以说，成功的道路和模式不可复制。但是在这些成功者身上却总闪烁着自信的光芒，他们行动坚定、坚韧、坚决，还将自己的信心感染合作者和追随者，服务于共同目标，因而也具备了领袖的个性和魅力。

所以，印度诗人泰戈尔说："自信是煤，成功就是熊熊燃烧的烈火。"

美国著名成功学大师罗杰·马尔腾则说："你成就的大小，往往不会超出你信心的大小。不热烈地坚强地希求成功、期待成功，却反而能取得成功，天下绝无此理。成功的先决条件就是自信。"

"海归"，都有横跨东西方的经历。因此，他们经常习惯性地通过亲身的"目见耳闻"比较东西方文化以及东西方文化下的成功人士。无论信奉哪种文化和价值观，无论是哪种文化体制的英雄和成功者，自信都是最重要的个人成功的心理素质。

2007年，《人民日报》曾对"海归应该具备的素质"进行调查。调查中，属于精神意识层面的素质，唯有"自信"被列进选项并排在前列。

每一个东西方成功者的内心，都有着一股巨大的力量在支持和推动他们不断向自己的目标迈进。空中网的CEO杨宁说："斯坦福大学给我最大的收获就是自信，即使失败了还要敢于再向梦想迈进。"

e龙公司的创始人张黎刚则说："我不太确定，过于自信是不是自己的一个缺点，有时候它可能让我得到偏执的评价，但是回顾自己以往的每一个偏执选择，包括多少次的'放弃'或者'半途而废'，最后发现正确率都在90%以上。的确，追随内心的感觉，而不是随波逐流，才是选择的唯一准则。"

"中国首富"的起点是自信　丁磊曾经成为福布斯榜的中国首

富。1999 年初，当时网易刚向门户网站迈进，但与新浪、搜狐相比，还只是一个刚刚崭露头角的小网站。据说，后来的今日资本集团总裁徐新当时之所以选择投资网易，正是因为创始人丁磊的自信。

丁磊毕业于电子科技大学。毕业后被分配进宁波市电信局。大学里一位姓冯的老师回忆说："丁磊给我的感觉就是他不是个被人安排的人。"这是份稳定的工作，但丁磊无法接受那里的工作模式和评价标准，自信的他很轻松地就从电信局辞职："这是我第一次开除自己。但有没有勇气迈出这一步，将是人生成败的一个分水岭。"

因为自信，丁磊在两年内三次跳槽，最终在 1997 年决定自立门户。后来，丁磊和徐新在广州一家狭小的办公室里见面。徐新主动问他一些问题："网易在行业内的情况怎么样？"

"我们会是第一。"丁磊第一句话就毫不犹豫地这么回答。

徐新当然知道网易并不是门户网的第一，但她就是觉得："他很有上进心，而不是吹牛——是有实质的自信。我觉得企业家有这种精神是很重要的，你有这么一个理想跟雄心去做行业排头兵。我投的就是他这个自信。"

我们可以肯定地说：开放的自信是创立事业、成就开放式人生的重要素质。

信心缺失甚至可能是所有问题的根源之一。它可以让我们感受不到未来和前景，触摸不到阳光和快乐，让我们抑郁、失眠、离群、孤独，甚至为压力所打倒。它还可能使我们痴迷某些能够躲避"烦恼"的事物：网络游戏、酒精、香烟、毒品等等。以致诗人但丁写下这样的诗句："能够使我飘浮于人生的泥沼中而不致陷污的，是我的信心。"

不自信的几种表现为：

1. 做事经常犹豫不决，坐失良机；

2. 容易情绪化和走极端；

3. 为了证明自己的存在，常常挖空心思哗众取宠；

4. 经常不敢发表自己的观点，哪怕正确；

5. 希望发表观点时，会用抢先发言或打断别人讲话的方式来进行；

6. 常常取悦他人，为交朋友而交朋友，以证明有个人的能力；

7. 常常顽固而有些自闭，涉及利益时则显得敏感多疑；

8. 就算看到自己的优点，也缺乏胆量去利用它。

自信通常还与人生开放成正比。

一个开放自信的人，就像被"充电"了一样，不但自身激扬奋发，能立刻产生解决困难的渴望，而且还会感染身边的人。

开放式自信的几种表现：

1. 积极主动的心态

拿破仑·希尔在其成功学中将积极的心态称为成功17定律的黄金定律，他认为："人与人之间本来只有很小的差异，但这种很小的差异却往往造成了巨大的差别，很小的差别就是具备的心态是积极的还是消极的，而巨大的差别就是成功与失败。"

自信带来积极主动的心态　曾出任过 TOM 集团 CEO 的王㲠刚从英国牛津大学毕业时，曾到美国芝加哥麦肯锡公司总部工作。深受英式教育的王㲠一开始并不适应美国的企业文化，美国同事经常心直口快地说："公司花那么多薪水怎么请来一个英国绅士？"后来，因为一份文件一页纸没有打好，参加工作不到 3 个月的王㲠，接到上司提前的书面通知：鉴于你工作能力不能达到公司要求，你将被解雇！

按照正常程序，他还有一个月交接工作的时间。王兟自信自己有留下来工作的能力，只是需要时间适应而已。因此，他就像不知道将被解雇了一样，继续积极主动地工作，改进工作效率。结果，一个月过后，他反而重新获得了认可，并因此又被挽留下来，后来还获得了公司授予的"优秀咨询经理"荣誉。

2. 坚持和坚韧的精神

在这个世界上，对于任何一个理性者来说，只有信念才能够使他对目标毫不怀疑，并支撑他行动的坚持和坚韧；也只有来自于信念的力量，才能够使一个理性者放弃功利的考虑，持久不息地为理想奋斗。而信心能够成为信念，关键在于对外界开放，进行准确的自我定位，将感性的心理感觉提升为理性的自我认识。

西点军校的自信精神 自1802年建校以来，西点军校已经培养出2名美国总统、4名五星上将、3700名将军；美国陆军40%的将军都来自西点。另外，在当今世界500强企业中，约有1000名董事长、5000名总经理毕业于西点军校——任何一所商学院都没有培养出如此多的管理精英。

理解西点精神，只有四个关键词：责任、诚信、意志力、自信。北京大学国际MBA美方院长杨壮，也是2005委员会的理事，曾访问一个退休的西点将军，问了他这样一个问题："一生当中，最让你感到沮丧的事是什么？"老将军思索了10秒钟，然后坚定地说："没有，我从来都蔑视任何挑战。"

杨壮是这样理解西点军校关于自信的定义：每一个从西点走出来的人，自信都来自于实实在在的"四年的苦日子生涯"，来自于百折不挠地完成许多"不可能完成的任务"，因此，他们的"自信心就是相信自己在任何情况下，即便是在受到压力，又得不到所需要信息的情况下，也能够正确无误地采取行动。"

3．乐观稳定的情绪

情绪是我们每个人心理的"信息指示灯"。没有人不希望自己快乐，不好的情绪被称之为耗损性情绪，因为它在一定程度上耗磨着我们的能量。但为什么在我们的生命当中，不快的情绪总是不可避免？比如愤怒、怨恨、急躁、不满、忧郁、痛苦、被拒绝、失意、焦虑、恐惧、嫉妒、羞愧、内疚等等。

一个人只有拥有自信，才能使自己的情绪稳定乐观，不容易受外界的影响。

自信使情绪稳定乐观　这是一个关于天津比特菲生物技术有限公司董事长刘建亚的故事。1995 年，他刚踏上创业之路，参加一次高科技项目风险投资推荐会。当时，一位加拿大的风险投资家开口就打击他们："你们是行尸走肉（You are livingdead），你们注定会失败。"因为当时统计数字表明，新创建的高新技术企业 3 年的存活率只有1%～2%。但是，刘建亚身旁一个创业成功者当即说："别听他们的，别指望他们会给你钱，要依靠自己闯过难关。"

刘建亚当时的想法也是"我偏偏不信这个"。回顾过去的情景，他认为"对于一个创业者而言，一定要相信自己的事业能够成功"。正因为自信，才能使自己在受别人打击的情况下，保持情绪乐观，"看到前面一片美好的曙光"，才能心态平和地迎着机会的方向走下去。

可能我们不愿意承认，但很多情绪跟心态一样，确实可以归结到自信心的原因上：

你对领导欣赏某个同事感到嫉妒，可能因为你对自己能否受到重视缺乏信心。

你对某些社会不平现象感到愤怒，这种美好的愤怒其实还可能反映了，你对社会杜绝这类现象缺少信心。

一个朋友到约定的时间没有还钱，也许只是几十元钱，但你感到很不舒服。原因很可能是你对他不贪小便宜没有信心，对他的信用没有信心，甚至你可能因此对他将来会不会健忘你更重要的利益而缺乏信心。

4. 人际沟通和公信力

对于成功的秘诀，其实不外有三：第一，自信和他信；第二，遇到不公平的事有正确心态；第三，先帮助别人，建立良好的人际氛围。

正如先前所说的，开放是自信的表现，自信能够更加促进开放，而且归根结底，也只有开放与沟通，才能将你的自信转化为他信力乃至公信力。

为什么相信马云？

1999 年春天，马云曾对他的伙伴、学生、朋友共 18 人宣布："从现在起，我们要做一件伟大的事情。我们的 B2B 将为互联网服务模式带来一次革命！"

这就是阿里巴巴创立的开始。当时业界对 B2B 电子商务的定位是：商业模式过于简单，市场门槛过低，看不清未来的盈利方向。阿里巴巴艰难起步，接着遇到互联网经济寒流，一直到 2002 年，目标还是"赚 1 元钱"。后来成为阿里巴巴集团资深副总裁的金建杭，回忆公司成立时说："那个时候我负责拍照片和录像，现在我看过去，照片里大家的眼神都是迷茫空洞的。除了马云，在创业之初谁都不敢说自己真的信心十足。"

　　这18个人既然都对商业模式和企业前景很不明确，缺乏信心，那么他们为什么追随马云？答案很简单，因为马云将自己的信心转化成了他信力。后来《中国经营报》报道，18个追随者之一阿里巴巴副总裁戴珊就这样表示："无论什么时候看到他，你在他眼中看到的都是自信，我一定能赢的信心。你跟他在一起就充满了活力。"

　　以上只是列举了自信带来的表现。从心态情绪到行为举止、从思维方式到日常习惯、从对待朋友的方法到对整个社会的评判，甚至我们的整个人生，都无时无刻不接受自信直接或间接的影响。我们可以概括地说：自信就是唯一能让一个人由内到外全方位改头换面的良药。

　　没有自信，我们就没有办法去迎接挑战，也没有办法去面对逆境。而开放的自信，对于任何一个成功者来说，更显得前所未有的重要，因为我们必须依赖开放才能使自信真诚可靠，也必须依赖开放才能使自信得到外界的支持。

　　相信自己，就是对自己的充分肯定，对自己能力的赞同。一个连自己都不相信的人，又有谁会相信呢？成功的先决条件，就是充满自信。

　　心态开放者善于积极主动学习和借鉴成功者，相信自己的能力，相信自己的眼光，相信自己的判断，能够与优秀者为伍，避开失败者验证过的教训。因着这种自信，他们做起事来就信心十足，就会鼓起前进的风帆，划动前进的桨橹，向着期望的方向一路进发。

第二节　自信　定位开放的航标

"开放而友善，骨子里透着股自信的劲。"这就是奥运会期间老外们对中国人的评价。

奥运会期间，很多外国友人惊奇地发现，在电视镜头面前，天性温和的中国人，镜头感越来越好。赛场上，中国运动员无论是举重冠军对杠铃的深情之吻，还是体操新秀在紧张比赛时的迷人微笑，面部表情少了一些凝重，多了几分对体育的享受。在街头，很多人都穿上了奥运图案的服装，摇着国旗；面对采访镜头，大家都争相忘情地喊着"好运北京、中国加油"；不少年轻人用油彩在脸上画出国旗图案，就连一些向来持重的老年人也照样仿效……

面对老外，中国老百姓还从来没有像今天这样心态开放和态意纵情。如果时光倒流30年，中国老百姓罕有这样自信的面对，也罕有这样个性的表达，真正是属于"沉默的大多数"。两厢对照，中国人迅速完成了漂亮转身。这都是源于开放，是开放让我们认清了这个世界，认清了自己的独特之美。

作为世界上曾经最强大的国家，中国创造了延续5000年的文明，创造了促进人类进步的四大发明，历史上的中国，无论政治、经济、文化，都有许多让人为之自豪的地方，这些都让中国人有了天生的自信。

真正的自信来源于恰当定位　有很多人将自信误解为仅仅是一种心理感觉和状态。

我们经常在市面上看到许多的励志书，对自信充满了这样的论述："自信就是一定要相信自己"、"培养信心的方法就是每天告诉自己一次：我最棒！我一定能成功！"、"我能解决问题，只要我有信心就能解决"、"我觉得自己能行，我就一定能行"、"永远相信你是最好的"、"相信你能成功，你就会成功"……

大多数人都把自信解释为：自信是一个人相信自己能力并充满积极主动意愿的心理状态，即相信自己有能力实现既定目标的心理倾向。但事实上，自信不仅仅是一种觉得自己能行的心理状态，它建立的基础不是感性的主观自我肯定，而是客观存在的真实自我。因此，自信强调的是建立在自身实力基础之上，在进行准确自我评估、恰当定位之后的理性心理状态。

真正的自信是准确的自我加正确的信心，并且组合在一起还产生了信念。

自我和信心，是不可分割的部分。

自我是基础，如果一个人对自己都没有准确认识，很自然，这样的信心只是种脆弱、盲目的感觉，瞬间可能膨胀成气球，瞬间也可能因为针扎而泄气，甚至有走向心理疾病的倾向，把人带入"自大"、"自狂"、"自恋"、"自闭"的境地，到了悬崖前还要充满"信心"地走下去。

信心是自我的提升。如果一个人没有正确的信心，就算多么了解自己，也会因为自卑而无法果断地行动，当然也无法掌握自己的命运。当然，正确的信心来源于扬长避短和准确定位。

依靠定位准确的自信，她从护士成为亿万富翁　史晓燕毕业于护校，而后被分配到协和医院骨科病房。每月薪水70块钱、夜班补助六毛钱，每天的工作都是打针送药，端屎端尿，周而复始，而且关键的是毫无未来的发展希望。于是，史晓燕对自己说：我怎么能在这儿呆一辈子呢？我必须相信自己，去为自己的理想拼搏一回！

1984年，史晓燕没有和任何人商量，就从协和医院停薪留职，应聘到一家外企公司。令人不解的是：在外企做协助性工作，她居然不会打字和使用电脑，但更离谱的是还得到了上司的欣赏。史晓燕坦言：到今天我也不会用电脑，但关键是我自信自己什么行，就去做什么，舍弃我不行的，干我行的。

史晓燕最终定位是进入家具行业。她看中了国内方兴未艾的家具业，这也跟她个人兴趣有关。当然光有兴趣和天赋还不够，还要学习和拔尖。于是，她支付了每年 7 万美金的学费到美国芝加哥惠灵顿学习室内设计。再后来，史晓燕自己创业，从卖家具开始，几历周折最终在光华路花 400 万租下一座破旧的工厂，改造成 1 万平方米的卖场，并打造出了自己的品牌——伊利诺依王国，成为一个著名企业家。

绝大多数开放型成功人士都具备真正的恰当的自信，并且并不是因为事业成功才自信，相反是自信推动了他们努力去获得成功。至于为什么自信前要加个恰当，是因为他们的自信当然不是盲目地认为"老子天下第一"，也不是不敢正视失败和自己的不足。相反，他们总是善于坚持该坚持的事物，哪怕是遭遇失败；还能果断放弃应该放弃的东西，哪怕"看上去很美"。而自信要做到这一点，就必须认识自己和社会，准确定位，扬长避短，最终也就坚持了"最好的自己"。

北京大学国际 MBA 美方院长杨壮这样认识自信："自信来自于能力：它是以掌握的技能为基础，有能力承担艰巨的任务，贡献个人的力量。自信也来源于主动寻求各种可以考验能力、提供学习机会的挑战。没有任何挑战能让你投降，这就是自信的精髓。"

只有在自身基础上恰当定位的自信，才能带来长久的奇迹，成为我们的人生信念，也才能促使我们在奋斗过程中坚持不懈，遭受非议时自我肯定，遭受磨难时自我鼓励，面对赞美和坦途时自我清醒。

下面是一些关于自信的基本常识：

自信就算只是一种感觉，也如同训练而成的本能一样，其实已经有了过程的升华。

自信不是一个自我欺骗式的信心，信任自己也要跟诚实联系在一起，依赖的也不是一个臆造的自己，而是真实的自己。

自信不是让我们每天都告诉自己"你最棒"、"你是最好的"，而是让我们做"最好的自己"，并且这时，你才"肯定能行"。

自信是怎样炼成的？

1. 恰当定位，相信天生我材必有用

有才华就要大胆地展示　1984 年，现中国科技部部长，当时还是同济大学力学系研究生的万钢，登上了前往德国的飞机。在德国第一件事，就是跟同伴一起到克劳斯塔尔大学的外办，了解学习计划的安排。当时，外办的老师提出，作为外国留学生，首先必须参加 PNDS 考试（德语入学考试）。考试半年举行一次，他必须等到秋季参加考试通过后才能开始他的博士学业。万钢当场就很自信地表示：自己的德语这么好，为什么一定要考试？一定要等这么久才开始正式的学习？

外办的老师表示怀疑，来该校就读的留学生不知道有多少，还从来没人敢说自己德语好到不需要考试的地步。但经过万钢用德语毫不妥协的"攻关"之后，外办老师最后只能表态："如果你真觉得不需要考试，那去跟几个教授谈谈，看看是否可以免试。"

后来，万钢就和外办指定的几个教授聊了整整一个小时，用德语回答各种问题，接受各种语言测试，最终让教授们心服口服——同意免试。万钢也因此成了克劳斯塔尔大学历史上唯一一个没有参加 PNDS 考试而直接入学的外国留学生。在采访中，我发现万钢身上散发着自信的魅力。他自己总结说：在该自信的地方就一定要敢于自信，不过分谦虚就是实事求是的精神，有才华就要大胆地展示。

许多人都有过这样的亲身经历，一旦认定某件事不可能取得成功，那么，你就算尽力而为，成功的可能性也大大降低。因为你戴上了心理的镣铐，拒绝了超常的努力，所以也拒绝了奇迹的发生。而你相信自己在擅长和具有优势的方向上的努力，并坚持行动，虽然不一定能够迎来转机，但奇迹发生的可能性肯定会大大增加。

所以，柏林顿北方铁路公司前董事长理查·贝斯勒有一句名言："不管面对什么事，我都不会说'绝对不行'。"

对于自卑者来说，自卑正是人生最大的绊脚石。

人不可能在各方面都非常优秀，或多或少总会在某方面存在一定的缺陷，就算是伟人也毫不例外：拿破仑矮小、林肯丑陋、罗斯福小儿麻痹。这些都是先天性的缺陷，不比学历、技能、知识、文化、性格等等，后天可以通过努力而改变。这些无法改变的缺陷难道都不足以成为令人痛苦自卑的源头？但他们拥有的却是极其辉煌自信的一生！

练就自信的第一要素是：恰当定位，一定要相信天生我材必有用。

这包含两个方面的基本信息：其一，正视自己的不足，不因差异而感到自卑，不为缺陷而感到烦恼，不让弱点影响你的成功；其二，也是最重要的一点，把握和信任自己的特长，扬长避短，形成优势，由此进行人生的策划和竞争。

不要只看到自己的缺点 瑞士银行中国区主席兼总裁李一，在1988年最初去美国迈阿密大学留学时，学的是体育管理专业，但他发现那是"属于富人玩的游戏"，不适合自己的未来，于是就在离毕业还有半年时，毅然报考沃顿商学院。

美国沃顿商学院是世界首屈一指的商学院。李一考得并不轻松，前后面试了三次，仍没结果。最后一次面试，他干脆在考场上直截了当地问主考官："如果我没有被录取，最可能的原因是什么？"

"很可能是你没有工作经验。在美国，商学院录取的前提条件是要有商务工作经验。"

李一作出的反应不是承认自己的不足，或者说"我会如何改变自己的缺点"，而是立刻反驳："按你们的招生材料所说，沃顿作为世界最优秀的商学院，肩负着培养未来商务领袖的重任。但世界各国发展很不平衡，如果按你们现在的做法，商务成熟的国家会招生特别多，像中国这样的发展中国家可能一个也不招，这跟沃顿商学院的办学宗旨是自相矛盾的。"

出人意料的是，李一反驳的自信和勇气还得到了主考官的欣赏。面试出来后，招生办主席秘书给李一打了一个电话："主席对你的印象特别好，说你很自信，与众不同。"后来，在当年 52 个申请该校的中国学生当中，李一成为唯一被沃顿商学院录取的中国学生。

古人云："梅须逊雪三分白，雪却输梅一段香。"又云："闻道有先后，术业有专攻。"

我们不为缺点所纠缠的最基本办法，就是别拿自己的弱项去跟别人的强项竞争，没有必要自己跟自己过不去，更没有必要为此苦恼和自卑：譬如你喜欢打篮球，但你没有姚明那么高，甚至长到 1 米 8 都不可能，但你不一定非要成为职业篮球运动员，或者不一定非要成为一个中锋。我们需要的只是改变，然后告诉自己：忘记那些缺陷吧，这不是你的原因，这不是你的目标，这不是你的道路，或者这对你无足轻重。

认识和定位好自己。每个人都有自己的特质和特长，就算你的长项不够顶尖，不够权威，但你总会有胜过竞争对手的地方，只要你善于利用，就能形成优势。譬如武器不够先进，指挥官不够专业，军队不够庞大，训练不够有素，但依赖正确的战略战术，"小米加步枪"一样可以打败"飞机加大炮"。

对于应届毕业生不可能像职场老人一样拥有丰富的工作经历和

工作业绩。而信心问题可以通过定位来解决：其一，目标不要好高骛远，你不要集中心思应聘那些确实特别需要工作经验的职位，因为我们清楚自己需要一个成长期。其二，可以扬长避短地做简历，没有职业经验，你可以表现自己有胜任工作的能力；没有工作业绩，你可以证明自己有从事该业的专业能力，譬如工科生的技术专利、文科生的著作文章，还有校内外的社会实践、社团职务、企业工作实习等。做好这些个定位，竞争力就出来了，自信水到渠成。"

恰当定位还有一个作用，就是让你的信心成为信念。

信心和信念是完全不同的两个概念，这从字面上都可以看出来：信心重在"心"——心理状态、心理感觉；信念重在"念"——理念和信仰，信心提升为信念，是让信心具有恒心的唯一途径。正如古罗马的诗人奥维德所说："信念！有信念的人才经得起任何风暴。"

托·卡莱尔曾有句名言："人有没有信念，并非取决于铁链或任何其他外在的压力。"信念和信仰的产生，只能依赖自我的人生定位和策划，通过扬长避短的定位，自己做自己的伯乐，才能进而拥有真正的自信。

2. 梦想和自信

因为梦想而自信地坚持　著名环保"战士"廖晓义现在已经是个公众人士。1996 年 3 月 7 日，廖晓义创办民间环保组织——北京地球村环境文化中心，当时她就说："我选择做的事都很不时尚，很需要勇气……但我坚信，中国环保需要民间组织，需要公众参与。"

廖晓义的"环保"之路是典型的"因为梦想而自信地坚持着"的过程。她的信心来源于梦想。此前，她曾在美国做了一年访问学者，北卡罗莱纳州立大学有位教授曾想收廖晓义读博士，但廖晓义因为梦想而放弃："美国不缺博士，可中国却缺少环保人，我没有那么多时间呆在美国读一个学位。"

2002 年，"地球村" 7 岁，困境重重。加上廖晓义，"地球村" 一共不过 4 个人，账面上资金剩下不到几千块，前景不明——整个社会对环保重视不够。廖晓义有许多选择："我可以去国际性的 NGO 工作；可以拍片子，做独立制片人；甚至当时有一所大学邀请我去他们的媒体传播系当系主任……" 但是，因为对自己事业的喜欢，廖晓义犹豫过后，还是自信地要坚持："放不下，哪怕它已经奄奄一息，当时心里想的就是尽全力救'地球村'一把。"

廖晓义的梦想和自信最终也得到了收获，"绿色 GDP 增长" 现在已经越来越成为中国社会对经济发展的共识，她成了中央电视台年度经济人物。2006 年，她还成为了七大部委联合颁发的 "绿色中国年度人物"。

做自己喜欢的人，做自己喜欢的事，坚持梦想，这是自信的重要来源之一。

爱因斯坦曾对相对论有个经典的解释：一位先生和一位漂亮女孩在一起呆上一个小时，他会感觉时间像一分钟那样短暂；而如果让他独自在灼热的火炉边呆上一分钟，他就会感觉时间比一个小时还漫长。

这个比喻除了通俗地解释了相对论之外，还告诉我们另外一个常识：跟喜欢的人在一起，或者做喜欢的事，你会感到幸福和快乐；相反，跟不喜欢的人呆在一起，做不喜欢的事，所有坏情绪都会到来。

著名主持人杨澜曾经这样解释过自己多次的人生选择："一个人选择的时候，是完全不能控制结果的，你今天选择得对，并不保证你未来选择的还是对。因此，一个人选择的时候，只能服从你内心想的事情……也许有人会说，杨澜并不成功，那也没关系，我仍然相信我的选择是对的，因为我选择的是我喜欢做的事。"

追随我心的选择 大家很熟悉的杨澜在其职业生涯中有过三次

事业转身：第一次是在主持《正大综艺》如日中天时，突然急流勇退，赴美留学；第二次是在运作凤凰卫视《杨澜访谈录》正当红时，毅然辞职，创办阳光卫视；第三次是突然捐出阳光传媒集团51%股份成立阳光文化基金，回归主持人本业。

这三次转身，虽然事后看来明智，当时却引来无数争议。尤其是第一次杨澜放下中央电视台的"金话筒"去美国读书时，几乎所有人都说她傻，这么好的工作怎么能够放弃？但为什么杨澜决意要离开呢？用杨澜自己的话说，是因为缺乏长期的信心——"选择离开是因为恐惧，因为命运不在自己手中。"为什么缺乏信心？因为"有吃'青春饭'特征"的这类节目不是她喜欢主持的类型："我希望通过出国学习，找到真正适合自己的职业定位。"

因为自己的喜欢，所以自信和坚持，杨澜的解释其实也是无数开放型成功人士的共识之一。

美国Viacom公司董事长萨默·莱德斯通曾如此说："实际上，钱从来不是我的动力，我的动力是对于我所做的事情的热爱。我有一种愿望，要尽可能地实现生活中最高的价值！"

人不是一台精密的机器，因为有人性和情感的存在。所以有些东西再好，再有价值，再合适不过，可如果不喜欢，我们就会将其当成一种负担，甚至越接近成功，我们越无法摆脱那种窒闷沉重的压力和负担。有些事情，明知道代价很高，可因为喜欢，所以我们能从中获得乐趣、满足、激情、成就感。因此，我们不会用商业化的价值来衡量，我们会将其视为人生挑战，如同购买商品，如果很喜欢，就不介意多花点钱做个冤大头。

唐越的人生选择 熟悉唐越的人都知道，他曾是e龙网的创始人，现在是蓝山中国资本创始合伙人。他曾这样阐述自己的多次人生选择："成功，不过是用公众的眼光来衡量。对于个人，就是做自己最喜欢做的事情。"

"1991 年，我在南京大学国际贸易系读到三年级的时候决定退学，20 岁的时候，我只身来到美国寻找新的生活方式，随后进入美国明尼苏达州私立的 CONCORDIA 学院，主修金融，副修政治学。毕业后进入美林证券，从最基础的办事员做起。"

"在 e 龙成立 9 个月的时候，我曾有机会以几亿美元的价格卖掉 e 龙，我也曾有过一丝的后悔。但我觉得，只有抱着平和的心态，才能享受事业与生活的乐趣。"

新东方教育集团的创业元老徐小平，曾在出国留学的咨询手记中劝告年轻人，一定要根据自己的兴趣和目标而出国留学："人不要为别人活着，而要为自己活着。哪怕你的父母逼迫你立即出国，也不要理他们。因为出国之路是你的人生道路，走得好坏，决定你一辈子的生活质量。你的同学，也许会在听说你出国消息后祝贺你一分钟，但他们转眼就会为自己的事情而奔波。而为争气要出国，其实是一种失败者心态，是一种偏离人生目标的变异追求。发令枪响后，人人都在向正前方的终点冲刺，但你却向侧面狂奔。"

红杉中国的主席张帆也曾这样归纳人生的成功哲学："其实不管干什么，对一个人来讲，最重要的是要不断找到自己喜欢干的事，最好那个事还是你自己比较擅长干的事，这是最好的。"

这种现象，在生活中常常见到：譬如现在的家长从小逼迫孩子，今天去少年宫学钢琴和舞蹈，明天参加绘画、写作、电脑培训班，后天再请个外语家教；将来还要"指导"孩子报哪所大学，哪个专业；再后来还要给他安排工作，介绍对象……家长几乎考虑到了这一切，却忽略了还要培养孩子的兴趣。于是，孩子们是有了特长和前途，却一点也不快乐和自信，因为前途不是想要的前途，所以他们感受更多的是无奈、压力以及责任。

当然，人生难免擅长的事并不是喜欢的事，喜欢的事却不是你最擅长的事。兴趣是最好的老师，但最好的老师不一定能教出最好的学生。

没有奋斗在自己最擅长、最易成功的领域，这无疑有人生的浪费。如果做自己擅长、自己却不很喜欢的事，你则会感到遗憾。要避免自己的嗜好与特长不成为两条平行线，可以看看以下建议：

喜欢你所做的事，喜欢你所擅长的事，喜欢你手头上的工作，把擅长的事变成为喜欢的事；

为喜欢的事坚持"充电"和积累能量，将喜欢的事变成擅长的事；

就算不能把"喜欢"变成"擅长"，也可以利用你的"擅长"，去实现你的"喜欢"，这能间接带来满足和成就感，也算是一个平衡的交换。

3. 独立和自立

独立与自立的能力，是我们人生当中最为重要的能力之一，是我们自信的核心源泉，也是人生开放的根基。

几乎没有一个依附于他人才能获得安全感的人，能具备真正的自信。很显然，就算有，一阵风都可以卷走。最考验一个人是否独立的时刻，当属面对富贵和诱惑的时候；最考验一个人是否具有自立能力的时刻，当属遭遇磨难和困难的阶段。正如孟子所说："富贵不能淫，贫贱不能移，威武不能屈，此之谓大丈夫。"

韩非子有句名言："恃人不如自恃。"

拿破仑则说："人多不足以依赖，要生存只有靠自己。"

美国投资大师巴菲特说："你必须独立思考。我感到不可思议，为什么那么多高智商的人，总是不动脑子地去模仿别人？"

一个真正独立和自立的人，必然能够坚持自己，并能在遭遇困难和挫折时相信自己，进而将磨难转化成为一种难得的锻炼。

磨难和挫折是成功的磨刀石　全国人大常务委员会副委员长、

欧美同学会会长韩启德的人生就是从充满困难的环境中开始。但是艰难和挫折，反而使他更加独立和自立。

据《百年潮》报道，韩启德少年时代屡经磨难，他父亲因为事事认真，得罪过不少人，因此"文革"时被莫须有的罪名打成"内定坏分子"含冤去世。韩启德上高中时，考上了上海著名的重点中学——育才中学，结果被人顶替。他考上大学后，成绩名列前茅，当上班长，结果因为家庭出身不好被撤职。大学毕业后，他被分配到陕西省临潼县的公社卫生院工作，一干就是十几年。他工作很努力，但因为家庭出身，连"学习毛主席著作积极分子"都评不上。

韩启德后来的回忆，却反而感谢困境培养了他独立和自立的能力——"艰苦陌生的环境对人的独立克服困难的能力，很有意义"。

因为不服气，韩启德在读高中时，"总是把育才中学和 62 中学的两套习题同时做完"，结果以优异成绩考上大学；读大学时，他"靠拢组织，总得不到组织的信任"，反而促使他"精读《共产党宣言》、《反杜林论》、《社会主义从空想到科学的发展》等著作，无意中提高了自己的政治理论素养"……最终，也因为独立和自立，使他更加自信地去把握自己的人生："我很庆幸我经历了那么多磨难。如果当初一帆风顺，就不是今天的我了。"

"独立"和"自立"，其实是任何一个成年人都应该具备的能力。

按照法律规定，成年人就是年满 18 周岁具有完全民事责任的人，这包含两个要素：从生理角度上来说满 18 周岁，可以自立谋生；从公民的角度来说，成年人必须独立，能够自己判断、选择、负责自己的人生道路，因此能承担完全民事责任。

但是，法定不代表现实，而且仅仅只是生活的独立和自立还远远不够。我们还需要有意识地培养独立的思想和自立的个性，进而把独立变成独到、独特、独秀，把自立升华成自强。

潘杰客初到美国为什么会被看不起？

北京华商会的监事潘杰客曾有一段经历让人印象深刻。潘杰客的人生事业非常开放，他做过国家建设部党委宣传部副部长，当过凤凰卫视的主持人，还创业当过老板，也做过职业经理人。但是，据说他初到美国时，却被身边的同学所看不起。

那是潘杰客刚去美国的事，他住在美国的父母家里，吃、穿、用都依赖父母。在我们中国人看来，这再习以为常不过了，因为潘杰客刚来美国，什么都不熟悉，也没有工作，还语言不通。但是，潘杰客晚上去英文夜校补习外语时，只读了一个月，却发现周围的同学都歧视他。这些人也不是什么正宗的美国人，都是刚刚去美国的第一代移民，但就是看不起他，并且孤立他。

"我特别骄傲地跟人说我和父母住在一块，因为我父亲是康奈尔大学毕业的，英文特别好，我还说我父亲教我英文。结果这些同学就对我不屑一顾，说我们英语也不行，可我们一天到晚一样能打工然后到夜校读书，我们和你在一起学习，你竟然还有优越感？你都是靠别人啊！"

最后，潘杰客不得不改变自己："就这种感觉，我觉得被他们孤立。所以我在家里住了三个月就出来了，出来住纽约的地下室，因为地下室便宜，并且还在快餐店送外卖养活自己。如果这个时候我再要兄弟姐妹和父母的帮助，是一种耻辱，因为美国的文化18岁就开始靠自己，我那时候30岁了，所以我必须靠自己。"

这样来看西方有些国家的家庭教育就很好理解了：一方面，他们淡化家庭之间互相依附的关系，培养孩子独立、自立的意识和能力，个性的文化正是其教育观的体现；另一方面，他们尊重普遍性的人性和人权，实际上也就尊重了孩子的基本权益，并引导孩子养成这样的价值观，这正好又构成他们法治社会的公民基础——普遍性的人性和人权物化出来就是公共秩序、社会公德、公共法律，正如中国的古话"大义在，而亲灭"。

人们还常有一种误解：独立和自立就是不需要任何人的帮助和指导，不需要依赖别人。实际上，这也是种一元化的观点。

自立并不意味着不需要别人的帮助，而是强调自主，不成为他人的附属物。独立也不意味着排他性或者封闭性，不去学习和借鉴成功者，只是强调要有自己的思考和判断。

从务实的角度来说，成功者因为成功，往往拥有一定的资源，包括人际关系、行业信息、商业机遇等等。只有进入他们圈子的人，才有可能接触那些信息和资源，从而得到改变自己的机会。要想成功，我们当然需要与别人合作，需要学习和尊敬优秀者，需要认识一些"贵人"。但这不是为了成为优秀者后面的"跟屁虫"，而是将其当作"参照物"，再造自信，帮助自己变得更强。

优秀者云集让张亚勤再造自信　微软公司全球副总裁张亚勤曾多次提到求学科大是他少年时代最重要的时光之一，因为科大帮他"再造了自信"。

张亚勤是山西太原人，12岁以数学满分的成绩考入科大。当时，张亚勤自我感觉非常良好。但报到的第一天，他一打听，发现对床同学的分数比他们山西省状元还要高出30分，后来又来一个江西省状元，又高出他们山西省状元40多分。

在这样的环境里学习、成长，张亚勤迅速意识到：天外有天，人外有人。但同时精英汇聚也给了他很大的帮助，其中重要的一点是"再造自信"。这种自信不同往常：以前是一个小地方的自信，现在这种自信，基点已经不知道高出了多少。

"到科大后，我记得第一学期数学考试我考了61分，比较差。语文71分，其他都是六七十分，只有物理考了80分，我在以前的学校是很好，但在科大就是很差。所以我首先感觉到差距和压力。到了最后几年，我的成绩最好，研究生考试成绩是学校第一名。这给我的感想是，尽管基础可能比较差，在这么多聪明人中间，通过努力还是可以做得很好，同时，还可以得到一种新的自信。"

读书，选择好的学校和专业；就业的时候，选择好的公司，好的领导；创业的时候，选择最适合发展的行业。当优秀者失去"参照物"作用的时候，就是你已经完成"再造自信"、实现人生突围的阶段。

人生于世，不可避免要受到各种事件的影响，但是拥有独立的自信，则无论处于顺境还是逆境，无论舆论评价好还是坏，都始终能给自己合理而坚定的信心，而不让自己的命运由别人来主宰。

4．克服消极浮躁的心态

丹麦有句格言说："即使好运临门，傻瓜也要懂得把它请进门。"

如果我们经常存有消极的心态，或者不良的情绪，不用说，信心跟成功就不会走进家门。

在我们的人格当中，构成心态和情绪不良的因素很多，有自身的问题，有外在的原因，感情、家庭、性格、环境、学习、就业等等，甚至连身上的服装、一时的天气，都能让人心情不佳和情绪不良。因此，重要的是我们要有自我调整的能力，甚至能够以强制的方式克制自己，让情绪稳定，心态平和，保持信心。

以平和的心态上课和考试　前亚洲开发银行驻中国首席经济学家汤敏曾回忆道，1973 年，他被派到广西南宁第四中学当数学老师。没有比"赶鸭子上架"更叫人沮丧了。他高中都没有毕业，但他必须去给一群跟自己差不多大的学生上课。后来，有人这样问他：你在讲台上如何能够自信？

汤敏的回答是：克制情绪，保持乐观，然后自学，他经常就是"上周自己刚自学完，这周就要给学生上课"。

1977 年 10 月恢复高考，广西考区对考生的年龄限制是 25 岁，汤敏已经 24 岁了。他很想参加高考，可有三个原因在向他说"NO"：第一，没有把握，除了数学自学过外，其他课程如英语、物理、化学都没学过；第二，朋友家人不支持，因为他已经有份稳定的教师工作，普通师范大学毕业也不过充当一个中学老师；第三，面子问题，和学生一起考试，"压力很大，如果考不过学生或者考砸了，肯定很丢脸"。

人要做成什么事，就不能有那么多的疑虑。人生难免有些尴尬，关键在于保持心态的良好和积极，汤敏便这样认为。最后，他参加了考试，并且改变了自己的一生，成为了中国著名的经济学家。

对于刚毕业的大学生以及初入职场的年轻人来说，最常见的心态问题有两种，一是眼高手低；二是有些自卑，不敢争取机会。

其实，这都是因为对社会、行业、自身职业能力不了解所造成的。年轻人在找工作之前，应该结合自己的具体情况，包括学历、专业、年龄、籍贯、学习、工作、兴趣、理想等各方面因素，进行综合考虑，进行恰当定位，这样才能具有积极的心态。

让自己的心态积极，让自己的情绪乐观，有助于稳定我们的自信。关于如何培养良好的心态和情绪，坚定自己的自信，可以听听以下建议：

永远不要有绝对不可能的消极想法；

确立切实可行的目标，然后树立必胜的信念；

罗列自己的特长和优点以及能够在竞争中取胜的优势；

学会宽容该宽容的人包括自己的过失，也欣赏别人以及自己的成就；

学会感激别人的帮助，培养双赢的合作思维；

学会乐观地看待身边的人和事，哪怕是一些不如意的。

第三节 自信 增添开放的力量

自信是一种力量自信的人面向险峰挑战时，他们会拾级而上；面向生活困难时，他们能看见胜利的彼岸。因为一个心态自信的人，知道自己的存在有价值，知道自己对环境有影响力，懂得如何安排自己的优势与弱势，而且在开放的心态下，他的优势更容易激发出来。

提起潘石屹和他的现代城、长城脚下的公社，大概无人不知，无人不晓。其实，潘石屹的成功也不是一帆风顺的。

一生就在这一套桌椅上度过？

1981 年，潘石屹从北京培黎学校毕业，并以第一名的优异成绩被石油学院录取。1984 年潘石屹毕业被分派到河北廊坊石油部管道局经济改革研究室工作。在那里他的聪明和对数字天生的敏感博得了领导的赏识，并被确定为"第三梯队"。

有一次，办公室新分配来一位女大学生，对分配给自己的桌椅十分挑剔。当潘石屹劝她凑合着用时，对方非常认真地说："小潘，你知道吗，这套桌椅可能要陪我一辈子的。"就是这不经意的一句话深深地触动了潘石屹：难道我一生将与这套桌椅共同度过？正在思变的时候，他遇见了一位在刚刚开放的深圳创业的老师。他决定改变自己的命运。

1987 年，潘石屹变卖了自己所有的家当，毅然辞职，揣着 80 元钱去广东打工，后来去了海南，与朋友一起开公司，自己做老板，开始了经商生涯，凭借着个人的努力，潘石屹迅速完成了原始资本的积累。

　　1993 年，潘石屹在北京注册了北京万通实业股份有限公司，任法定代表人兼总经理，开始了在北京房地产界的创新与创业，最终成为北京地产业的一颗新星。

　　要想拥有自信，首先，要做一个心态开放、有追求的人。因为开放才能把潜力展示出来，有追求才会有向往，有向往才会有动力。而面对现实，一个开放而自信的人必然会树立起"天生我才必有用"的信念，坦然地面对一切。其次，要做一个敢于尝试的人。尝试跨越，尝试突破，尝试挑战，尝试着生活中各种各样的事情，这样既丰富了人生，又增加了阅历。第三，要做一个敢于吃苦的人。任何华丽的语言都不如实践来的真实，唯有用坚忍的毅力走进生活，用汗水去领悟，才会增强心中的那份希望与信心。

　　你的心有多大，你的舞台就有多大；你的心有多高，你就能够飞多高；你的心有多远，你就能够走多远。只有有了积极的心态，你才能够使自己的心灵无限地飞翔。唯有如此，在生活中，你才能乐观地面对现实，冷静地处理事物；在工作上，才会有更高的理想，更有动力。

　　一个缺乏自信的人处处要跟别人比较，但总觉得自己比不上别人，这是因为他们时时把焦点聚在自己的缺陷上，对自己进行太多的否定和责备。而一个自信的人，却总是把眼光放在自己已有的进步上，无论做什么总是充满期待和希望，在向目标迈进的过程中他们总是不断鼓励自己，接纳自己，最后做成了在别人看来几乎是不可能完成的事情，这就是自信的力量。

　　胆怯和意志不坚定的人，即使有出众的才干、优良的天赋、高尚的品格，也终难成就伟大的事业。而有坚强自信的人，则常常有惊人的表现。

　　撒切尔夫人从一个无名小卒一步步走到英国第一首相的位置，自信起着决定性的作用。

　　玛格丽特·撒切尔从小学习认真，成绩优异，非常自信。9 岁时，她在戏剧会演时获得了诗歌朗诵奖。校长授奖时说："玛格丽特，你真幸运！"她回答说："不是幸运，是我应得的。"

　　玛格丽特 18 岁那年，即 1943 年，她跨进了牛津大学的门槛，虽然学的专业是化学，但眼睛盯着的却是政治，她非常活跃地参加学校保守党组织的活动。到了第三年，玛格丽特当上了牛津大学保守党协会主席。她钦佩丘吉尔，立志要做这样的人。

　　牛津大学每到星期五晚上，保守党协会就要举行活动，邀请内阁大臣，请他们讲演。玛格丽特常常代表保守党协会和毕业生联合会参加一些会议，认识了许多人，她的组织能力和辩才也因此得到了锻炼和施展的机会。一天，一位朋友对她说："听了你的演讲，我觉得你应该当一位议员。"玛格丽特听了十分动心。

　　大学毕业之后，玛格丽特到化学部门去工作。她的"正业"是化工，"副业"是政治。化工解决吃饭问题，政治却是兴趣所在。她在政治活动中花的心思，比用在实验室里多得多。1949 年 3 月，不满 24 岁的玛格丽特压倒 26 位男性竞争者，当上了达特福选区的保守党议员候选人。她在选举演讲会上抨击工党的政策主张，强调保守党的一贯路线。虽然这次竞选没有当选，但却使工党原来的多数票减少了 1/3，保守党的选票增加了 50%；玛格丽特给人们留下了鲜明的印象，保守党选举委员会对她大为赞赏。

　　1951 年，撒切尔夫人通过考试取得了当律师的资格并且闯进了向来被视为只能由男子管理的部门—税务法官议事室。有人说："如果有了在税务法庭工作的经历，错综复杂的财务立法就易如反掌。"这对于玛格丽特步入仕途以及日后的官宦生涯，无疑是很有助益的。

　　1959 年，玛格丽特又逢机遇，她终于在芬奇莱选区竞选中击败所有对手，当选为保守党的下院议员，时年 34 岁，她第一次严肃而又充满自豪感地走进了威斯敏斯特宫。从此，她以职业政治家的姿态在议会崭露头角。当议员最重要的就是要发表演说，参加辩论，提出自己的动议。1960 年初，议会辩论一项由她提出的允许新闻记者参加一些地方议会的议案。这项动议比起那些重要的政治经济问题也许显得平淡了些，但是，它受到了新闻界的欢迎。这是玛格丽特第一次登上议会讲台，所以，她做了认真准备，穿着打扮显得神采奕奕，风度翩翩。她不用稿子，花了 30 分钟时间，阐述了很难说清而又容易引起论战的议题。表决时，议案获得了 152 票的多数，反对票只有 39 票，第一炮打响了，撒切尔夫人很快成为全国的知名人物。各种报刊刊登了一篇又一篇言有人情味的报道，使她成为当年的 6 位知名妇女之一，她以议员的身份在各种场合露面，就各种问题发表意见，逐渐使自己成了保守党日益倚重的人物。

1961 年 10 月，撒切尔夫人出任国民保险部政务次官。她在对待工党议员责难的辩论中，把战后每届保守党政府支付包括各项生活津贴在内的年金总额列举出来，并且同其他国家的情况作了比较，以说明指责是没有根据的。她一口气讲了 40 分钟，使在座的议员听得目瞪口呆。

1975 年 2 月，保守党在布莱克普尔举行会议，选举党的领袖，希思是当然的候选人。他手下人放风说：除了希思，眼下无人堪当此任。希思自 1950 年进入议会，一向受到保守党元老们的赏识和器重，在党内和政府里一直身居要位，是全党公认的最高权威。要与希思争夺党的领袖地位，一般人都望而却步。起初，玛格丽特的姓名几乎没被提到。那时，她本人也认为，保守党人"还不准备让一个女人当领袖"。但命运向她提供了异军突起的契机。

有一天，撒切尔夫人泰然走进希思的办公室，恭敬又坦率地通知希思："阁下，我来向您挑战！"

第一轮投票的结果，大大出乎人们的预料，撒切尔夫人获得 130 票，希思只得 119 票。希思败阵之后，希思营垒里马上杀出几员大将，与撒切尔夫人交锋。但是一个星期后，举行第二轮投票时，他们比希思输得更惨。撒切尔夫人以绝对多数战胜了一排排男人而成为英国历史上第一位女党魁。

在保守党领袖选举揭晓之后，撒切尔夫人对记者说，她现在非常兴奋，特别使她高兴的是，在丘吉尔、艾登、麦克米伦、希思的名单上现在添上了玛格丽特·撒切尔这个女人的名字。有记者问她，当选后有什么感想，她矜持地说了一句"MERIT"（我当之无愧）。

"我当之无愧"，这是何等的自信，正是因为这种自信，玛格丽特·撒切尔才有勇气参加这次竞选，为她日后当选为英国首相走出了重要的一步。如果没有这种自信，恐怕她将一直是保守党中无足轻重的一员，那英国历史上也就少了一名优秀的女首相了。

我们越自信就越开放、越开放就越自信，开放的广度与自信程度互为因果、相伴而行。"自信人生二百年，会当水击三千里。"这就是一种开放而自信的豪迈。

第四节　自信　有节有度方立足

爱默生说："自信是成功的第一秘诀。"的确，自信是绝大多数成功者都需要拥有的重要心理素质。唯有自信之人，才敢于进取，坚持奋斗。但开放的自信，应该是建立在准确定位自我、善于扬长避短的基础之上，而不是盲目地告诉自己"我一定能行"、"我最棒"。对于开放者来说，自信还意味着要分清我善于做什么、我喜欢做什么、我不能做什么、我必须坚持什么、我不应该坚持什么。盲目的自信，可能把人带入狂妄、自大、顽固、迷信自己、以个人为中心的境地。

自信，堪称开放式人生的脊梁。但从自信到过分自信，往往也只差半步，只在一念之间，只有一线之隔。自负、自我、顽固、刚愎自用、个人英雄主义等许多问题，皆源于此。因此，我们需要警惕一些"自信过头症"。

1. 自信别变成自负

一般说来，如果是做人，稍微自负比略为自卑要好，因为你起码还会积极主动地去争取实现目标，有行动总比没有行动要有收获。如果是做事，那么策略上的谨慎总比轻举妄动要好，因为你起码还能留有青山，诸葛亮和曾国藩正是依靠"步步为营"的谨慎而横行天下的。

自信者常常易犯自负的毛病。

在商业江湖中有个很常见的现象：许多企业往往不是倒在艰难期，而是垮在顺境时的过度扩张中。这其中最重要的原因，就是经营者因为前期累积的成功，而使自信变成了自负，进而制定自身实力无法支撑、一口要吃成大胖子的扩张战略，四面出击，或者过于冒进，最终马失前蹄。

史玉柱那次著名的失败 1993 年，巨人集团推出 M－6405、中文笔记本电脑等多种产品，年销售额达到亿元，成为当时居四通之后中国第二大民营高科技企业，史玉柱也成为年度中国十大改革风云人物。同年，广东房地产大热，珠海修大港口、大机场、跨海大桥，史玉柱认为珠海最终会成为像深圳一样的国际大都市，于是开始盖巨人大厦。18 层、38 层、54 层、64 层，最后在开工典礼时，史玉柱脱口而出："72 层"——他要建成当时中国的第一高楼。

这是一个至今还被人看作经典的案例，后来做总结报道的《经济观察报》评论说："只有 1 亿流动资金的史玉柱，却要建造一个总预算 12 亿的巨人大厦，这注定是一个过热的举动。"据说史玉柱还没有申请一分钱的银行贷款，全凭自有资金和卖楼花的钱支撑。1996 年巨人大厦资金再次告急，史玉柱不得不将保健品方面的全部资金调往巨人大厦，结果保健品业务也因为资金"抽血"过量而卖不动了。

巨人集团出现了危机。1997 年初，媒体开始报道巨人财务危机。得知巨人现金流断了之后，巨人在外的 3 个多亿应收款也收不回来，建至地面三层的巨人大厦被迫停工，国内购楼者也天天上门要求退款。最终，史玉柱沦落为当时负债亿元的"中国首穷"，一直到四年后才翻身。而在吸取教训过后，今天他又创造了新的事业辉煌。

自信与自负、趁热打铁与扩张过快、乘胜追击与穷寇勿追，有时候就只是一个度的把握，"增之一分即肥，减之一分即瘦"。如何把握好自信与自负，关键在于我们需要尽量使自己心态平和，每一次成功过后，都有意为之地给自己一些危机感，这样才能清醒地审时度势。

2. 自信不要太自我

中国古代哲学家老子有句名言："知人者智，自知者明。"

开放型的自信要求我们"知人知己"。换句话说，一个开放者的自信，会知道自己其实有几斤几两，也会知道什么时候该听别人的意见，什么时候该坚持己见，以及如何弥补自己的不足之处。但遗憾的是，不少自信的人，往往有自我的毛病，只知道自己，不知道别人。

过分的自信会使人打消了投资念头　亚信集团董事长、金沙江创投基金董事总经理丁健曾考察过北京一家公司，业务做得还不错。但丁健却不愿意进行投资，因为在一次交流当中，丁健出于好意对该公司的负责人做了一个提醒："你的这个做法，要慎重。"

对方很不高兴："你这样说是对我决策的一种干扰！"

　　事后，丁健对一位好友说："如果连这点干扰都忍受不了，连这一点建议都听不了，那么，他做决策会非常盲目，甚至是在赌博。""退一步讲，赌博没有问题，做早期案子基本上就是在赌博，但是我们要问，你是高智商的赌博还是低智商的赌博，是碰运气的赌博还是综合了各种因素之后的赌博？赌球赌马，莫不如此。你是研究过了还是瞎买？是马长得好看我就买这个？正如我们自己在决策案子时，肯定会遇到不同的意见，总有一两个合伙人出来说，我来给你唱唱反调，这几个因素你考虑了没有？然后举例说明，大家再研究。很少说一个人说好，大家都鼓掌。否则，这个文化是不健康的。"

　　过于信任自己常常会导致下列错误：

　　偏听自己，一意孤行。一个人了解的信息总是有限的，所以古人说"偏听则暗，兼听则明。"自我的人常常只听自己的，并且坚信这是正确的道路，甚至还会理所当然地把自己的意愿强加给别人。

　　陷入自私，只懂索取。过于自我往往给人自私的感觉，因为这样的人不太在乎别人的看法，也不太在乎别人的利益，更不懂得何时给人帮助。他帮助人的时候，因为不了解别人的需求，往往帮错忙；当他自己索要帮助时，因为对自己情况了如指掌，所以要求明确。因此，这样的人，常常会给人没有责任心的印象。

　　性格自闭，不善协作。一个太关注自我的人常常不善于适应环境，当然，更不会懂得适当地赞美别人和委婉地批评别人。虽然他本性不坏，但这样的人还是不会受团队的欢迎。因为人际关系的不合群，他会变得敏感、内向、孤僻、清高，或者愤世嫉俗。

　　独断专制，家长作风。这种人因为过于迷信自己，所以他若是职业经理人，通常不希望有董事会；他若是董事长，则喜欢对 CEO 指手画脚，进行直接干预。

3. 自信不是不信人

有一个网上流传的故事，说的是石油大王洛克菲勒教育孙子。有一天，他看见孩子，立刻热情地做出拥抱的姿态。于是，孩子纵身向爷爷一跳。谁知道爷爷的手缩回来了，孩子摔在地上。这个时候，洛克菲勒教导孩子说：不要轻易相信任何人，哪怕是你的爷爷。

类似的故事，我们或许在许多书上见过，其实这可能都是很可怕的误导。许多人经常犯这样的错误：认为商业江湖，人心险恶。成功的人，都是只相信自己的人。

中国有句古话："自信者不疑人，人亦信之。自疑者不信人，人亦疑之。"

用人也要信人　著名导演陆川曾如此评价自己的老板王中军："你可以看到中国有钱的制作公司很多，为什么在王中军这儿导演可以拍出好作品？因为他管方向不管具体的事，他相信你作为一个创作者，你热爱你的东西，你的热爱是完成它的根本。很多制作公司会到现场说三道四，甚至一个角度都要和你掰扯。中军没有介绍过任何演员演戏，这是一个很技术性恰恰是很有意义的信任。我两部戏都没有用过公司的演员，我觉得这是他对我的信任。"

这当然不是套话。在陆川成名之前，拍摄电影《寻枪》时，华谊兄弟就敢于让从来没有拍摄过电影的陆川当导演。提到这其中的风险，王中军表示："我只要用人就是百分之二百的信任，从来没有怀疑过。"

后来，电影拍摄过程中遇到了困难，陆川甚至想过打退堂鼓："我有一次特别沮丧的时候，给中军打过电话，那是拍《寻枪》，中军说你把片拍完，最后一句话是我信任你。"

正是因为王中军的"信人"，陆川才得以拍成《寻枪》，成就了中国电影史上一部著名的文艺片。

尼采有一句名言："我们对于朋友的希求，泄漏了我们的弱点；而我们信任别人的地方，正显示出我们愿自信而未能的地方。"这句话的意思是说：一个自信的人之所以还信任别人，是因为他知道自己有缺陷和不足，这就像是正因为我们有做不到的事，所以才会寻求朋友帮助一样。

这也是一个为什么要信任他人的原因：因为我们不可避免地有自身的缺点和不足，我们不可能单枪匹马应付一切，所以我们必须有时信任和团结别人，信任和整合你的团队。而且，越是外行，就越需要信任别人，"疑人不用，用人不疑"。

4. 自信不是个人英雄主义

在我们所处的社会，极需要敢于挺身而出的个人英雄，譬如说路见不平敢于见义勇为。但是，我们不能任何时刻都把英雄主义变为个人英雄主义。个人英雄主义有其适存的范围，更多的时候我们需要"团体"主义，就跟人生冒险一样，要想抓住危机中的机遇，就必须依赖胆略而非胆量，否则，很有可能趋向盲干和莽撞，呈匹夫之勇。

一个过于自信的人，容易犯个人英雄主义的错误，喜欢"千里走单骑"、单刀赴会，但现实社会往往跟演义小说和电视剧相反，总是"好虎架不住群狼"。

与传统企业家创业时往往单枪匹马打天下不同，大多数活跃在新经济领域的第三代企业家更喜欢抱团创业，他们中间90%以上都有一个三人以上的团队。他们信奉团队英雄主义，创业也往往能够因为一开始就建立了一个非常专业、分工明确、互补明显的创业团队，而使企业不需要像传统企业一样必须经历资本积累期，而是能够直接迅速地吸引风险投资，取得跨越式发展。当企业扩大到一定阶段，也因为是团队创业，往往能够轻松摆脱家族企业的弊病，迅速确立良好有效的企业制度，走上正轨，取得更大的成功。

创业组合的携程模式　携程网的创建，并发展到纳斯达克上市，是典型的团队主义模式的胜利。1999 年 5 月，沈南鹏、梁建章、季琦加上后来的范敏联手创建了携程网。季琦任总裁，梁建章任首席执行官，沈南鹏任首席财务官，范敏任副总裁，分别负责资本、管理、技术、运营事务。其实，此前在投行工作的沈南鹏是最大的个人股东，他也不是没有管理企业的自信，但他却主动要求不按照常规出任 CEO，因为根据自己的经验和优势，他认为自己更适合任 CFO。

季琦想法一直很活跃，适于创业，而且很有冲劲；范敏是兢兢业业守业型的人，他还在酒店和旅游业界做了很多年；梁建章也是很好的巩固业务型人才；沈南鹏则是标准的资本运作者。所以，这个管理团队在实际运作中能够紧密无缝地进行合作，保证了携程从无到有，从小到大，迅速稳健地发展。后来，他们还合作创建了另外一个赴纳斯达克上市的企业——如家快捷酒店，3 年创建两个上市公司，他们也因此被誉为最佳创业组合。

赛伯乐投资公司董事长朱敏就曾直言："在行业、团队、技术、商业模式等多种要素中，第一个是团队，第二个是行业，第三是商业模式。团队肯定是第一位的。创业投资不论是天使投资还是风险投资，看来看去，实际上就是看团队，不看别的。有了好的团队以后，你做什么事情都可以。现在中国缺乏优秀团队这个问题特别突出。"

大弩（北京）科技有限公司的李松是法国欧洲工商管理学院（INSEAD）的 MBA，在硅谷曾做过工程师和产品研发经理。他是这样解释为什么要信奉团队英雄主义：现实中"海归"大多数扮演着技术先锋的角色，但一项技术要转化为生产力，是一个复杂的过程，如市场营销、品牌推广、经营管理、资金运作、技术开发等等，不是一两个人能够完成的事情，所以要构建一支强有力的核心管理团队。这支团队的成员应该由相关行业背景的优秀人士来组成，如果这些成员都能担当起自己的角色，向着一个目标迈进，那么企业一定能够大有作为。

道理往往就这么简单，创业不是技术、精英意识的盲目比拼。通常而言，成功的创业者，是要有能在关键时刻充当"尖刀"和独排众议的能力。但一个企业经常走到"十字路口"，经常需要个人英雄，则只能说明团队体制和整体运营有问题。一个自信的成功者，也并不需要事事和时时"个人英雄"主义来证明自己。他肯定不是万能的上帝，他需要能够找到各种专业人才，并团结凝聚在一起来帮助自己，同时，自己也需要善于分权和授权，才能够专心地进行重大决策。正如詹姆斯·致许·朋尼所说："公司经理最可靠的自杀途径，就是固执地不去学习如何授权、何时授权及授权什么人。"

自信不能过度，过度的自信是自大。有适度的自信才有收获。所以一定要记得：无论你有多平凡，多普通，只要有坚强的自信，就能比别人获得更多的机会和奇迹。

解·析
开放的心态

〈下〉

孙丽红◎ 编著

中国出版集团
现代出版社

图书在版编目（CIP）数据

解析开放的心态（下）／孙丽红编著. —北京：现代
出版社，2014.1

ISBN 978-7-5143-2109-8

Ⅰ．①解…　Ⅱ．①孙…　Ⅲ．①成功心理 - 青年读物
②成功心理 - 少年读物　Ⅳ．①B848.4 - 49

中国版本图书馆 CIP 数据核字（2014）第 008504 号

作　　者	孙丽红
责任编辑	王敬一
出版发行	现代出版社
通讯地址	北京市安定门外安华里 504 号
邮政编码	100011
电　　话	010 - 64267325 64245264（传真）
网　　址	www.1980xd.com
电子邮箱	xiandai@ cnpitc. com. cn
印　　刷	唐山富达印务有限公司
开　　本	710mm ×1000mm　1/16
印　　张	16
版　　次	2014 年 1 月第 1 版　2023 年 5 月第 3 次印刷
书　　号	ISBN 978-7-5143-2109-8
定　　价	76.00 元（上下册）

目　录

第七章 开放生活 丰富心灵的源泉

第四章　有胆有识　锻炼开放的心态

当今社会，处处充满机遇，却也处处充满风险。英国小说家 W·M·萨克雷曾说："只要你勇敢，世界就会让步。如果有时它战胜你，你就要不断地勇敢再勇敢，世界总会向你屈服。"所以，开放心态，需要我们敢于摸着石头过河，勇敢再勇敢，敢为天下先，成为时代的引领者。

第一节　勇于冒险　引领时代

鲁迅先生有过这样一段精彩的论述：

第一个吃螃蟹的人肯定也吃过蜘蛛，因为两者外形极为相似；只是他觉得螃蟹的味道可口而蜘蛛的味道不可口，他就教导人们只可以吃螃蟹不可以吃蜘蛛。所以，第一个吃螃蟹的人是勇敢的人！

"先吃螃蟹"让 NetScreen **"9·11"后成功上市**　邓锋是一位典型的开放型成功者。1997 年，他与伙伴一起创立了 NetScreen 公司。随着 NetScreen 逐渐成熟，上市成为必然目标。然而，就在 2001 年准备公司上市时，"9·11"事件发生了。全美上下顿时哀鸿遍野，所有人似乎都无心工作了，关注的焦点都离不开"反恐"两个字，美国三大股市也经历了自一战以来最长的四天停市。

尽管美国总统布什和美国证券交易委员会主席哈维·皮特都在电

视讲话中分别表示，美国的金融机构依然强健。但美国三大股市重新交易的第一周，纳斯达克综合指数缩水16%，标准普尔500指数也下跌了。股市何时才能走出低迷？没有人知道。所有高科技公司都推迟了自己的上市时间表。

邓锋和他的伙伴也犹豫过，但他们又觉察到这个风险中其实隐藏着很大的机会——华尔街的所有基金管理人此时都没有高科技公司可以选择投资，如果NetScreen这时能够冒险上市，他们就只能选择这一家公司投资。最终，邓锋决定冒险做那个"先吃螃蟹"的人。

2001年12月11日，NetScreen公司在纳斯达克挂牌上市，成为""事件后第一家在美国上市的高科技企业。上市当日，NetScreen市值高达24亿美元，"受到了热烈的追捧"，也激发了许多新企业上市的信心，邓锋因此被评为美国加州2002年度企业家。

成功的第一要义便是敢想敢做，出手果断，正所谓"十个好点子不如一次真行动"。只有那种敢于冒险，敢为天下先，勇敢做那个"先吃螃蟹"的人，才能真正成为人人景仰的成功巨子。

成功人生，需要一颗冒险的心 英国剧作家萧伯纳有句名言："对于害怕危险的人，这个世界总是危险的。"

恺撒则说："懦夫在未死之前，已经身历多次死亡的恐怖和痛苦。"

每个人都希望自己有一个表现的舞台，都渴望成功。但是，大多数人也都有着懒惰的天性，总希望面对同样的状况，能用同一种方式来处理，然后习惯成自然，通过重复的量的积累，实现自我超越，就算有冒险与创新的想法，也因为怕麻烦和风险而不愿实施。

而且关键在于大多数时候我们依靠量的积累，通常也只能带来量的变化，而非质的超越，更别去谈人生大转型和大开放。所以，成功者从来都是少数。大多数人过的都是无理想或者有理想的琐碎日子，为生计而奔波，为有饭吃之后最基本的生存问题——住房、教育、医药而日日苦恼，月复一月，年复一年，最终消磨了一生。

被誉为"20世纪世界奇人"的美国盲聋作家、教育家海伦·凯勒，就信奉这样的座右铭："人生要是不能大胆地冒险，便一无所获。"

只有充满胆略的冒险，才能为我们带来通常难以企及的成功。

人生怎能没有冒险？

在一次大规模的"海归回国创业应该具备什么样的素质"调查中，74%的人认为"敢于冒险和坚持"非常重要，得票率超过了"不断创新的激情"、"团队合作精神"、"海外从业的经验"等，与"整合资源的技巧"并列第二，仅次于"把握机会的能力"。

我们看看那些成功的开拓者，那些笑傲"江湖"的创业家，博弈成败犹如赌博，哪个人没有超人的勇气和胆略？

一个具有开放意识的人，尤其是创业者，通常都有着过人的胆略。

比尔·盖茨曾如此激励青年人敢于创业："如果一生只求平稳，从不放开自己去追逐更高的目标，从不展翅高飞，那么人生还有什么意义？"

百度的创始人李彦宏回顾自己的创业历程，如此说："作为一个创业者来讲；如果你害怕失败，就几乎不可能成功。10个创业公司可能有9个都要倒掉，这一点我有清醒的认识。正是因为有这样的认识，所以我才敢去冒风险。如果不成，跟不做其实没有什么太大的区别，因为如果不做，也一样是不成功。"

每个人的人生只能书写一次，如果我们已经处在成功的巅峰，当然可以只需要维护和维系，稳定压倒一切。可问题在于我们大多数人，并没有一个显赫的基业可以用来守成，也没有先天就铺好的成功之路，要改变自己的命运，要建功立业，要从一无所有开始建立自己的辉煌，要从被迫适应社会变成自主命运，就不能不进行大胆的冒险。

不冒险就是逃避责任　医生的天职就是救死扶伤，而当一个真正负责的医生，除了拥有医术和不"见钱眼开"的救死扶伤职业操守之外，还需要心理承受能力强、敢于冒险。譬如经常发生这样的情况：医生需要立刻进行风险很高的手术，而病人昏迷没办法签字，家人联系不上。这时，不动手术病人必死，但你可以不负任何责任；如果动了手术，病人有超过三分之二的可能死在手术中，而你需要负责任。医生该怎么选择？

北京同仁医院院长韩德民曾经历过这样的事：2005 年春节，一场车祸，一个人半边脸被撕开，颅底多处骨折，血管、神经严重损伤，右眼失明。如不及时手术，双目将失明，甚至可能继发颅内感染死亡；如果保守性处理，医生不会有任何责任；而选择手术，如果不成功，医生可能被追究责任。眼科和神经外科的会诊意见是不适合手术，但他却决定做这个手术。他认为：一个好医生要永远把病人利益放在第一位，不敢冒险就是逃避责任。

"类似这种事，做医生的都会遇见，要是你总在想，呵，这个不成，太危险，成功概率不大，一朝失误，我的一世英名就完了！那你就永远都不要做医生了。"

为什么这个世界上能够成功的人凤毛麟角？

答案只有一个，那就是，所有没有取得成功的人，都在沿着一条看上去有足迹的路郁郁前行。而所有取得成功的人，都善于在没人走过的地方开辟出一条路来。

在成功的旅程上，有些路段常常存在着风险。那些胸无大志、胆小如鼠，掉个树叶也怕砸脑袋的人，是很难通过这段路的，更不要说摘取树上那诱人的果实了。而那些有雄心、敢于冒险，具有不寻常的胆识的人，却会别有一番收获。

　　我们还需要明白的是：冒险冒的是风险。

　　人生处处都有风险，就业可能被炒，创业可能破产，结婚可能遇人不淑，就连普通的感冒都可能被不良医院治死，坐在校园里安静地上课也可能会被无冤无仇的枪手打死。但一个很关键很清楚的事实是：风险并不是已经存在、必然遭遇的结果性危险，而是可能存在的危险、困难、挫折；这意味着我们可能会遭遇危险，失败到一无所有，但也可能完全顺利，一点困难也没有。

　　换句话说，我们所面对的其实只是危机——风险中还有能使我们实现目标的机会。并且，世界之事大半是风险与机会成正比：往往风险愈小，成功的空间越小；风险越大，成功的空间越大。

　　过去人们一直认为勤奋是成就事业的不二法门，但随着时代的变化，现在越来越流行"胆商"的说法，认为胆商也是成功的必要条件之一。越来越多的实证表明，高智商并不一定能成功，智商高只是一种优势。很多高智商者根本无法充分发挥他们的潜能，取得应有的成功，这是为什么呢？

　　科学表明，胆商对于成功的重要性，已经远远超出了智商。一项对1048名经理人进行的能力测试发现，胆商指数的高低是一个人事业成功与否的重要参数，其次是情商，再次才是智商。

　　如果说人生呀、事业呀、财富呀像一座座大山，那么高胆商人士就会不畏艰险，不断攀登，把每一个困难都当成一次挑战，把每一次挑战都当成一次机遇，并最后傲立巅峰！而缺乏行动力的高智商者，只能叹为观止。

　　这是个创业的时代，每天有大量的公司倒闭，也有大量公司成功，人人都乐此不疲地一次创业、二次创业……一个具有开放意识的人，尤其是创业者，通常都会有过人的胆略。

　　不怕一万，就怕万一，凡事三思而后行，谋定而后动是没错的。

但你也应该知道，无论你策划得多么周详，风险总会不期而至。

唐越的冒险艺术　蓝山中国资本的创始合伙人唐越，他表示自己选择投资最看重的素质就是："我喜欢的企业家首先要有冒险精神。"因为他认为："新投资行为本身就是一个高风险的事情，但好在我们本身习惯于这种不确定性的环境，喜欢这种不确定性，这就是我们的兴趣。"

唐越本身也是一个敢于冒险的人。他最漂亮的一次冒险是在 2000 年 3 月，赶在互联网寒流之前将 e 龙作价 6800 万美元卖给美国纳斯达克上市公司，成为当时互联网热潮中少有的出售创业公司的企业家。随后，互联网寒流，包括在内的大多数互联网公司都受伤严重，于是，在行情见底的 2001 年 5 月，唐越又进行了一次冒险——花 300 万美金将 e 龙又从手里买了回来。三年之后，2004 年 7 月，唐越再次卖公司控股权时，只用了 e 龙公司 30% 的股权就换回了美国网上旅游服务公司 Expedia 的 6000 万美元。短短四年之间，唐越高抛低购，因为敢于冒险和胆略过人而获得了丰厚的回报。不久前，唐越目前所在的蓝山资本还获得一次性融资 10 多亿美元，准备在中国投资更多的项目。

世上没有万无一失的成功之路，动态的命运总带有很大的随机性，各要素往往变幻莫测，难以捉摸。在不确定的环境里，人类的冒险精神就是最稀有的资源。无论做什么事，先要为自己争来机会。机会抢到手，成功的可能已有了一半。有了这种敢于行动的心态，才会使我们成为一个挑战者，愿意尝试新行为，愿意接触陌生人，做陌生的事，探索未知的领域。

命运不是一成不变的，是随着你的选择而转化的。作为社会中的人，不可能整天面对一成不变的事情，做企业的要面对市场的变化；做学问的要面对知识的更新；做管理的要面对人事的变动。面对这些变化，如果我们没有敢为的心态是不行的。没有敢于行动的心态，我们就会害怕变化，害怕未知，就会使我们的生活、我们的事业越来越糟糕。

千里马与磨道驴的付出其实是一样的，最起码他们行走的路程是一样的。千里马功成名就，是因为它敢在不同的道路、不同的场面出现。可跃高山，可跨江河。磨道驴在磨坊里不停地转着圈，还被蒙着眼睛，属于它的只是主人的皮鞭和一点可怜的饲料。

看看我们身边的人，不敢为的人占有大多数。他们之中不乏才华横溢者，也不乏对社会抱有真知灼见者，而事实上他们都一事无成。没有敢为的心态。自然没有敢为的习惯，遇到有困难有风险的事情不敢面对，他们仿佛听命于一只无形大手的操纵，一生中只在几条胡同里钻来钻去。

人生就是一份光荣的冒险事业。只要你随身带着敢于冒险的习惯，你的问题就已经解决了一半。只要你大胆地迈出了一步，成功就会提早来临。

事实上，我们之所以选择冒险，正是因为结局和过程充满不确定性，而我们从中看到了机会。否则，明知道是地雷还要去踩，那就不是冒险，而是自杀。阿尔卡特公司中国区副总裁刘江南就说："不要把世界上所有的冒险都看成是壮举，其实这背后都隐藏着许多精巧的计算，只是不为外人所知而已。"

第二节 拥有胆略 赢得冒险

开放的社会，就要有开放的胆略。开放胆略意味看接受一切来自外界的挑战，意味着面对一切挑战更勇于资险。如今，成千上万的人做着创业梦，却只有少之又少的人勇敢地付诸行动，原因可能是没有资金，没有人力。开放胆略，就是在资金短缺的原始积累初期，可以使你拥有足够的想象力面对挑战和机遇敢想、敢说、敢干，发挥出的难以想象的"资本"威力。

西班牙作家塞万提斯说，失去财产的人损失很大，失去朋友的人损失更多，失去勇气的人则失去一切。

我们常常看到：冒险带来奇迹。20 世纪 60 年代，IBM 希望研发360 系列大型机以彻底改变电脑行业的结构，投入资源比制造第一颗原子弹的费用还要高，一失败 IBM 肯定就会死亡。但是，IBM 孤注一掷也成就了对计算机主机市场几十年的垄断。后来联想并购 IBM 的个人 PC 业务，也被称为一场赌博，但这场赌博却迅速促进了联想的国际化进程。

我们常常看到：冒险制造奇迹的背后，还存在着一些必然的因素。如果没有这些原因，就算有再好的运气，奇迹也不可能转化为长久的成功。IBM 愿意全力研发，是因为计算机技术革命是未来趋势；联想愿意冒险并购，是因为这个经济全球化的时代，以联想的江湖地位，如果不想裹足不前，就必须走上国际化道路。

很显然，一个真正的冒险家肯定不是一个莽夫，就算是孤注一掷，也绝不是在逞匹夫之勇。冒险不是冒进。冒险是勇气的外在表现，而冒进则是纯粹的蛮干和瞎干。

冒险与冒进　古时候，有个樵夫遇到一位哲人，就问他："先生，请你告诉我：什么是冒险？什么是冒进？"

哲人想了想，指着树木深处的一个洞说："假如那个洞里有黄金，你要到洞里去得到它，而这个洞里有条恶狗，那么你就是在冒险；如果这个洞是一个虎洞，那么，你就是冒进。如果这个洞里没有黄金，只有干柴，那么即使是一个狗洞，你要进去得到它也算是冒进。"

这个寓言告诉我们，冒险是一种经过危险可以得到，并且是对自己有价值的东西的行为（人与狗搏斗有一定胜算）；而冒进则是经过危险也根本不可能得到（人与虎搏斗毫无胜算），或者虽然得到了但对自己意义不大的行为。在我们的现实生活中，这样的事例也比比皆是。如，一个职员进入老板办公室，开门见山地要求增加薪水，就是一种冒险。结果就有两种可能，一种是得到加薪，一种是要求被拒绝。但至少值得，因为"没有冒险，就没有加薪"。再如，有些人放弃稳定的工作，转做一份收入较低但有更加光明前景的职业，也是一种冒险。结果也是要么失败，要么成功。

天下成功者，都是有勇有谋的。一个敢作敢当的人，只有同时拥有一个多计善谋的头脑，才能成为真正的强者。而一个有勇无谋的人，非常地勇敢，雄心勃勃，做任何事都敢作敢为，但总是想不到什么好计谋，只会凭着别人的一点想法鲁莽行动，把事情做得一团糟；反之，有谋无勇的人，即使有一个多计善谋的头脑，很有计策，把任何事想得有条有理、妥妥当当，而没有勇气付诸行动，使得好办法不能得到实现，最终也只能一事无成。

现在很多人都很佩服冯仑，觉得这个人能做能侃，很了不起。冯仑不是有了钱才有本事，他是因为有了本事才有了钱。

冯仑的第一桶金　1991 年冯仑和王功权南下海南创业的时候，兜里总共才有 3 万块钱。3 万块钱要做房地产，即使在海南也是天方夜谭。但是冯仑想了一个办法。信托公司是金融机构，有钱。他就找到一个信托公司的老板，先给对方讲一通自己的经历。冯仑的经历很耀眼，对方不敢轻视；再跟对方讲一通眼前的商机，并表示自己手头已经有一单好生意，包赚不赔，说得对方怦然心动。然后，他就提出：不如这样，这单生意咱们一起做，我出 1300 万元，你出 500 万元，你看如何？这样好的生意，对方又是这样一个人，有这样的经历，有什么不放心的？好吧！于是，该老板慷慨地甩出了 500 万元。

　　冯仑就拿着这 500 万元，让王功权到银行做现金抵押，又货出了 1300 万元。他们就用这 1800 万元，买了 8 幢别墅，略作包装一转手，赚了 300 万元。

　　这就是冯仑和王功权在海南淘到的第一桶金。冯仑的说法："做大生意必须先有钱，但第一次做大生意的时候谁都没有钱。在这个时候，自己可以知道自己没钱，但不能让别人知道。当大家都以为你有钱的时候，都愿意和你合作做生意的时候，你就真的有钱了。"所以，冯仑初到海南时，尽管自己的公司没有钱，但他也一定要将自己和公司上下都收拾得整整齐齐，言谈举止让人一眼看上去就是很有实力的样子。

　　有雄心成大事者的勇气绝不是一个莽夫，而是有战略头脑的大智大勇者，他们敢想、敢做、敢拼搏，所以成功也一定属于他们。楚霸王之所以不值得人们同情，一在于他的有勇无谋，二在于他的妇人之见。商场如战场，一个有勇无谋的人，早晚会成为别人的盘中餐。

　　我们要成功，就需要做一个理性的冒险家，而不是一个只会冒进的莽夫。

　　我们进行人生冒险，真正能够依靠的只能是过人的胆略，而非仅仅胆量。

　　"胆略"在英文中的解释是：courage and resourcefulness。用中国话说，就是要有勇有谋，有胆有识，包含了一个人的眼光、知识、经验、技巧、智慧等因素。有略无胆，是懦弱，是会说不会做，是"秀才造反，三年无成"；有胆无略，则只会胆大妄为，"头重脚轻根底浅"。

　　前爱立信公司中国首席市场官、摩克迪集团创始人兼董事长张醒生是这样阐述冒险的："能因为怕不成功就不去抓机会吗？一定要争取抓住机会！"他认为冒险能否成功："要看你怎么对待风险了，第一看你有没有抗风险能力，第二看你认定不认定你看到的机会。"就这样，张醒生从跨国公司爱立信出来，去到亚信做 CEO，后来又自己下海创业，不断创新自己的人生。

有胆有略地冒险，也是开放式人生的必然要求。如果只要一股勇气，只需要注重内心的心理状态，我们也用不着去谈人生开放；如果我们要把胆量提升为胆略和胆识，则必须从封闭走向开放人生。

机会与风险成正比 1991 年，即将获得复旦大学生物系学位时，张黎刚退学了。1994 年，在美国明尼苏达一所不入流大学的食堂里，有两个跟盘子打交道的中国男生，一个洗碗，一个收碗，这就是 e 龙的两个创始人唐越和张黎刚。张黎刚疯狂地做着哈佛梦，但是，1998 年即将获得哈佛大学遗传学博士学位时，张黎刚疯狂了，他退学跟着张朝阳回了国。

1999 年，即将升任搜狐第一副总裁时，张黎刚忽然又递交了辞呈。因为"我不是给人打工的人"，他说，"我不做英雄的陪衬，我要拥有自己的公司。"

2003 年，当 6000 万资金即将注入 e 龙时，张黎刚离开了。风险投资的介入，使 e 龙所有创始人都变成了"股份低于 10% 的打工仔"。当然也还有其他的原因。张黎刚选择了健康管理业重新创业，现在已是爱康国宾集团的董事长兼 CEO。

经常有人问他为什么每次都在临近每一人生阶段的高潮时选择离去？你不感到遗憾吗？张黎刚"没有遗憾"，他认为冒险进行新征途是为了"追逐自己的梦想"，而且更重要的是"机会与风险永远是成正比的，放弃是一个男人的勇气，但这不是匹夫之勇；冒险，并不是莽撞……能够凌驾于命运之上，去控制自己的方向，才是真正的男人。"

人们对冒险通常有三种误区：其一，认为一个人的冒险，冒的是危险；其二，认为冒险的驱动力是勇气和胆量；其三，还有一种误区则认为：只有敢作敢为才是冒险，舍弃则是懦夫的表现。

世上的事不尽是脱弦之箭，开弓就不能回头，定了方向就不能调整。坚持和放弃，选择和不选择，并没有区别，都是在冒险。而能够及时作出准确有效的判断，正是一个人生开放者的优势。

敢于放弃也是一种冒险　美国凯雷投资集团董事总经理何欣曾提到过自己一次没有"敢于放弃"的经历。2001年，何欣从INTEL投资部加盟凯雷投资集团担任亚太投资部副总裁。年底，他接触一个韩国"下一代OLED"的有机显示屏项目。何欣看上了这个团队的技术能力和OLED的市场潜力："这个技术团队可以说在世界上也十分优秀，在技术创新或生产设备的研究上都十分到位。"但这也是一个非常典型的早期项目，"我们开始看这个项目时，只有专利和图纸。"

第一轮融资，凯雷投入500万美元。随后问题来了："OLED技术的实现，需要周边配套技术。"技术发明人是个姓金的博士，而金博士团队只有产品研发能力和生产流程的设计，没有生产技术设备的制造能力。凯雷和其他VC第二轮于是又投入1500万美元，可问题又接着来，原材料价格上升，传统LCD技术不断改进，公司需要降低生产成本等等。凯雷再次联合众多VC进行了第三轮融资。

第三次投资之后，问题还是接着来。这时，公司的CEO金博士说："我想辞职。"何欣了解到作为发起人的金博士还有另外一个公司，"他不想干了。合同上写了又有什么用呢？他的心不在这儿了。""在凯雷的带动下有三轮融资，最后项目融资总额接近1亿美元。但第四轮时，我决定不投了。我对团队很失望。"

最后的损失当然很大。凯雷的亚太基金负责人祖文萃评价说：第一笔投资没有问题，经过8个月的调研，事先的风险都想过。错就错在第三笔投资不应该再追加了，出现这么多的问题，说明团队的执行力不行。不能再试错了，放弃也是值得去冒险的行为。

正如富勒所说："生活只是由一系列下决心的努力所构成。"

我们依仗胆略去冒险，其实就意味着把冒险当作一门战略艺术。

首先要确立可以专注的核心目标。冒险不是无头苍蝇一般乱飞乱闯，或者飞蛾扑火一般莽撞。千万不要异想天开，没有人能十全十美，没有人能四面出击，也没有企业能够什么都做得好。

评估风险。行动前要明确自己所能承受的风险范围，有时不可不做最坏的估算，不要相信这个世界上有大收益却没有风险的好事，天上不会掉馅饼。

切勿逆天行命。有些关口你跳得过去，有些跳不过去，就连诸葛亮都没有办法改变天命人道。所以，做出关键决定时，还须注意时代的发展趋势和国家政策的变化。

不要拒绝盟友，也切勿替别人去冒险。现实中还是有很多可能跟你合作的人，不要拒绝修好。同时，替别人冒险通常不是件吃力就能讨好的事情。

制定合适的行动计划。不要怀着试试看的心态在重要的事上冒险。人是要为自己计划后路，但如果是为了失败而行动，那何苦呢？最可怕的事永远是你既不全力去争取成功，又继续投入精力和成本。

注意随机应变。切勿忽视问题，勇敢不是没有恐惧和担心，问题也绝不会忽视你，到头来你仍然要逐一解决，因此，应该选择最有利的时机做最有利的事。

第三节　激发胆量　当机立断

人类的历史就是一次次大胆冒险的历程。在婴儿期，没有人逼着走路，可我们尝试着不断站立，不断前行，跌倒又站起，终于从爬行阶段进入步行时代。然后，我们对于走走还不满足，我们开始奔跑。再后，我们发现两条腿奔跑的效率很低，于是，我们开始发明和借用自行车、摩托车、轿车、飞机等交通工具，这都是跨越性的冒险。

不过，随着积累的障碍和挫折越来越多，随着日渐形成的习惯越来越根深蒂固，随着年龄的日渐增长，同时也因为我们已经有些收获，使我们越来越倾向稳定，越来越瞻前顾后。我们大多数人都是童年无忌，敢异想天开；青年被迫适应现实，但还有闯劲；中年包袱越来越重，暮气越来越深，开始排斥开放和冒险，开始得过且过；晚年，开始放弃任何的冒险和努力。于是，最终我们也只会经常纸上谈兵地感叹，"他没有什么了不起，我这么做也一定能成功"，"我过去胆子要是再大一点的话，就会……"

如果我们不希望自己被人生阻力所压倒，不希望在人生路上呈"减速"状态，就必须给自己装上能持续提供"动力"的发动机。一般而言，胆量和勇气的"发动机"大概有四种：

1. 一个充满使命感的目标

"生逢其时"的使命感　百度首席财务官王湛生于2005年8月在百度完成了NASDAQ的上市工作。在其任职期间，百度市值也从数亿美金突破百亿美金，成为NASDAQ最具价值的中国公司。令人遗憾的是天妒英才，王湛生于2007年12月27日在三亚游泳时不幸遇难，他曾讲述了自己进行许多人生冒险的动力——使命感。

"当代海归们的这种成就感，是160年前的留学生们所无法体会的。从留学先驱容闳踏上美利坚土地的那一刻起，一代代的留学生大多都是带着一种'我出去，我看到，我学到，我来改造'的责任感走出国门的。

"1989 年，我来到美国求学，之后又在美国和欧洲工作，一呆就是 10 余年。从我离开祖国的第一天，我就有着一个信念，就是学成以后一定要回国。因为这个信念，我一直都在非常留心国内的发展状况，那时只要听到有什么事是关于中国的，都会很高兴，只要国内有客人来就会跟他们了解国内发展的情况。

"加入百度是一件幸事。这里有一大群拥有和我一样海归经历，一样想法的年轻人，包括公司的首席执行官李彦宏。如果不回国，李彦宏可能会成为美国互联网领域一个出色的工程师，而我也很可能只是一个成功的会计师或金融顾问。但我们都以自己的方式，殊途同归回到祖国，回到百度，用自己的才智实践着梦想。百度从创立发展到今天，在短短 7 年时间，从一个几人的小公司，变成了今天汇集了近五千名充满理想和激情的年轻人，服务着数以亿计的中国网民，以自己的智慧和努力，与世界上一些最强大的竞争者比产品、比技术、比智慧的知名公司，它身上维系着我们浓浓的中国情结。"

每个人的一生都有近乎无法完全发挥的潜能，每个人也都有自己的目标。为什么有些人能够为了目标奋勇进取，进而不惜冒险；而有些人却在现实中把这些潜能磨灭，把目标当成一种自我安慰的幻想，最终庸庸碌碌一生。

最主要的原因是你的目标缺少使你能持续产生动力和雄心的使命感。

目标能够引导人渴望成功，渴望日出东方，渴望心向大海，渴望行走四方，渴望一览众山小。可是，光有理想和目标，还不足以让我们获得不怕牺牲一切的勇气。

我们只有具有强烈的使命感，才能使自己爆发巨大的能量，一路克服困难，不怕挫折，冒险前进，坚持到底。因为使命感才能让你觉得冒险就是你的责任，就算有所牺牲也值得。

　　许多成功人士都强调人生使命感的重要，并称正是使命感推动自己走到了今天的这一步。譬如中国民生银行行长蔡鲁伦先生就认为："完整的人生应有'三感'：使命感、失落感、危机感。"

　　使命感让他觉得"教育就是毕生的责任"　北京大学党委书记闵维方谈到自己在去斯坦福大学留学之前，曾当过5年矿工。他是典型"苦难炼真金"的传奇人物。

　　闵维方获得斯坦福大学的博士学位后，曾来到德克萨斯大学进行博士后研究，并担任该校的校长助理。当时，他的工作和生活环境都很优越。可是当原北大校长丁石孙、教务长汪永铨越洋千里出现在他面前时，闵维方感受到了一种振兴中国教育的使命感，便毫不犹豫地作出了放弃现在的选择："1988年，北大召唤了我，我也毅然选择了北大，对于我而言，这是一种缘分。我属于和新中国一同成长起来的一代人，无论做什么事情，总是想到我们这一代人对国家民族应尽的责任。"

　　尽力挽留的德克萨斯大学常务副校长詹姆斯·邓肯最终放弃努力，并且因此奉上了自己的祝福和尊敬："闵维方先生的知识和智慧，以及他对自己祖国深深的责任感，必将使他对中国未来的高等教育发展作出重大贡献。"

　　使命在汉语字典里解释是：使者的责任和命令。

　　使命感通常是指：一种明确行为信仰和意义，自认为非常重要和神圣，并愿意以此为基础付诸行动、努力拼搏、甚至不惜牺牲一切的心理状态。因为使者的命令和责任来源于国家的交付和托付，所以广义上通常用来形容责任重大和命令神圣。

　　一个具有使命感的人，通常非常执著、认真、热情，也通常会爆发惊人的能量，进行别人不敢为之的冒险。因为他把自己所从事的事业，看作自己的宗教和信仰，神圣、重要、不可放弃。

是什么让李开复决心创建微软亚洲研究院？

1990 年，由联合国提供特别基金，在美国做教授的李开复得以到大陆教四个星期的书的机会。当时，这位曾任谷歌中国区主席生于 1961 年 12 月岁，他的学生是北京几所名校差不多同龄的博士。李开复由此感触很深："同样的炎黄子孙，但因为环境、运气不同，我成为了那个幸运的人，接受了优秀先进的美国教育，能够有更多一点的成就，所以我希望有机会在更大的程度上帮助中国的学生。"

1998 年夏天，微软只打算在中国设立一个小型的研究机构，但李开复希望建立一个微软的亚洲研究院，从而帮助更多的中国学生。尽管当时他的力量显得如此单薄，尽管大部分朋友都不理解李开复的选择。李开复甚至连负责招聘的考官人数都凑不够，但使命感给了李开复坚持下去的勇气。

"不管是从我所服务的公司的角度，还是从帮助一部分青年人进步的方面，我对自己的这次选择都觉得非常欣慰。"

最终，使命感引导着李开复实现了自己的"使命"，他领导的微软亚洲研究院在 2004 年被美国《科技评论》杂志评为世界上最"火"的计算机研究机构。还让比尔·盖茨说了那句著名的话："我敢打赌，你们都不知道，在微软中国研究院，我们拥有许多位世界一流的多媒体研究方面的专家。"

由于每个人的追求和信仰不同，有的人视金钱和权力赛过生命，有的人把名誉看得比什么都重要，有的人则是家庭至上。因此，每个人内心神圣的"宗教"完全不同，所激发出来的动力、活力、精神状态也肯定不一样。所以，使命感还必须有正确的方向，才能给人带来非凡的勇气和胆量。

换句话说，能让目标产生使命感的不是目标本身，而是这个目标的导向必须指向责任、志向、信仰、高尚，至少不违背社会在法律、道德双方面的底线认可，才能让人产生为此不惜赴汤蹈火、牺牲一切的使命感。

神圣的使命感，能引导我们以积极的行动，奔向崇高的目标，不惜冒险，不怕困难，并因此获得成就。

使命感引导着邓中翰回国制造"中国芯"　邓中翰是一个典型的开放型成功者。1997 年，邓中翰在硅谷创办了一家名为 Pimix 研制高端平行数码成像技术的公司，他走的是典型的硅谷轨迹，并没有想过要回国。1998 年，邓中翰与当时中国科协主席周光召在闲聊中谈到中国在芯片领域的发展情况：中科院早在 1965 年就开始了集成电路的相关研究工作，但一直到 20 世纪 90 年代还没有取得突破性进展，可作为电子信息领域的核心，中国又必须有自己的芯片技术。最后，周光召问："你能不能回国来做这件事？"

邓中翰没想到会有这样的提议，对他来说这是一个艰难的选择。他在硅谷创立的公司，市值已达亿美元，要放弃的是一个成功的企业，而重新开始的路却成败未知，研发的资金也是个天文数字，稍一不慎就倾家荡产。这需要大勇气，他犹豫着。

1999 年 10 月，邓中翰应国务院的邀请，回国参加新中国成立 50 周年庆典观礼仪式。站在观礼台上，一直没有勇气放弃过去的邓中翰突然感到自己肩上的沉重使命："我突然意识到，自己应该为祖国的强大做些什么"，"我一定要把祖国的芯片产业推动起来"。

这个月，邓中翰在北京中关村成立中星微电子公司。条件非常艰苦，为了节省资金，中星微的办公室里甚至没有暖气。但是，使命感给了他们放弃过去的勇气，也给了他们坚持现在的决心。他后来回忆说："对于做大事情的人来说，这些苦太微不足道了，困难反而激发我们内心无限的勇气去战胜它"。

最终，中星微电子的"中国芯"——"星光"系列大获成功，并赢得了市场。

无论是团队还是个人，都需要弄清自己的使命和目标是什么。

对于个人，我们都需要弄清楚自己的角色和使命。事业上的使命、生活上的使命、专业的使命。这些使命决定了我们要努力成为什么角色，拥有多大的牺牲的勇气。正如 H. D. 梭罗所说："光勤劳是不够的，蚂蚁也是勤劳的。还要看你为什么而勤劳。"

2. 争强好胜的个性

创业的动机来源于争强好胜　国内最大的律师事务所金杜律师事务所创始人王俊峰，谈起自己创业的初衷，就缘于一种"争强好胜"的个性。

王俊峰原来在贸易促进会法律部工作，作为内地最早接触国际法律服务工作的专业人员，他经常与国际大律师事务所打交道，还包括与一些来自香港和台湾地区的同行。

那时，国内律师业刚刚恢复，与国际同业差距巨大。从收入来说，内地律师每年才几千块钱收入，而香港普通律师年薪都可能过百万。王俊峰后来回忆说："看着那些金发碧眼的外国律师在我们的国土上趾高气扬，甚至包括那些在外国律师事务所打工的中国人，也在国人面前异常傲慢充满优越感，不服气！这种被侮辱和蔑视的感觉，对年轻人有一种特殊的刺激，并在心底激起一股创业和必须要改变这种状况的冲动，就是这么简单。"

曾有过一个报道，说加拿大研究人员曾对 20 世纪在多伦多大学医学院担任过班长的四百多人进行调查。调查发现两个现象：其一，在被调查者中 7% 的人后来被列入名人录。相比之下，普通同学中被列入名人录的比例仅为二百分之一；其二，那些班长的平均寿命比普通同学的平均寿命要短。

　　因此，研究人员得出结论：班长容易成功和容易短寿的原因都非偶然，因为当班长的人通常都争强好胜。争强好胜者通常雄心勃勃、勇于取胜，敢于冒险，所以容易取得成功。当然，这类人为了实现抱负，不仅仅是敢于冒险，而且还敢于"玩命"，经常饥一顿、饱一顿，睡不好觉，也不锻炼，所以健康状况不那么理想。

　　但是假如有这样一个选择：如果将你的一生命运由默默无闻变得大放异彩，你是否愿意牺牲年轻的生命？

　　对于这个问题应该很少有人会回答：不愿意。

　　我们的社会还存在着对争强好胜的观念误解。

　　在我们这个"虚心使人进步，骄傲使人落后"的国度里，"争强好胜"是个贬义词。传统的观念认为："满招损，谦受益"，"沉默是金，祸从口出"，甚至干脆表示"木秀于林，风必摧之"。谁要是"争强好胜"，就等于沾上了"爱出风头"、"爱表现自己"、"人际关系不好"的恶名，还可能落个"枪打出头鸟"的结局。

　　然而，令人困惑不解的是："争强好胜"究竟何罪之有？难道"争弱好败"就好？其实，争强好胜与是否正确没有任何必然联系。一个谦让的人，不一定内心不争强好胜；一个争强好胜的人，做的未必不是有意义的事情。如果不"争强好胜"，我们为什么要在社会中提倡竞争？为什么我们要热烈期望中国崛起？

　　自然界的生存规律天生就是"优胜劣汰，适者生存"。

　　搜房网的总裁莫天全曾这样形容企业的争强好胜："网络媒体只能做老大。做老大很舒服，做老二则很辛苦，至于老三恐怕很难生存。"

　　荷兰银行中国区主席邱致中在上海出生长大，"文革"时曾因家庭背景被划为"黑五类"，初中毕业后被下放到崇明岛农场劳动。六年的春夏秋冬，他除了拼命劳动就是读书学习，包括高中数理化全部

课程都是自学完成，最终他也在恢复高考后考上大学。邱致中把自己
人生奋斗的原动力归结为争强好胜："有时就是很简单：父母都是解
放前后的大学生，自己怎么能甘心学业仅是小学五年级水平。于是，
别人在农场聚集借酒消愁，我孤灯相伴与书交友。"

类似的例子还有很多，我们通常误解"争强好胜"，其实有两方
面原因：一是"中庸"文化的传统，东方人崇尚无为和性格内敛：
"是自己的就是自己的，别人抢也抢不走；不是自己的就不是自己的，
自己抢也没有用"。二是我们过去几十年来一直生活在计划经济时代，
习惯组织分配，习惯"铁饭碗"，不习惯冒险和竞争。也因此，我们
过去的教育把团队的争强好胜当作集体主义加以赞美，而个人的争强
好胜则当作个人主义至上加以批评。

学校需要提倡良性的竞争　广西壮族自治区副主席、欧美同学会
副会长陈章良，是个很有开放意识的人。他在担任中国农业大学校长
时所建立的农大官方网站，被搜索看到的第一句话就是——"开放的
农大欢迎你。"陈章良认为，人生的开放和多元并不意味着没有竞争。

"微软今天之成为第一位有它的伟大之处，盖茨所写的《未来的
世界》里面充满着竞争。所以竞争与合作、在合作中求竞争、竞争中
求合作，这就是他们成功的原因之一。争强好胜并不等于忙碌和生活
无规律化，也不等于恶性竞争，虽然它们经常被人联系在一起。

当然，我们需要提倡的是良性的争强好胜，而非劣性以及零和竞
争。良性的争强好胜，有助于提升一个人的勇气和胆量，也使人主动
开放，关注身边的人和事，而不是搞"内耗"竞争，努力奋斗就说你
爱出风头和野心大，非把竞争变成我落后你也要落后不可。

3. 不断求新的激情

"新观念"成就胡舒立与《财经》　《财经》杂志主编胡舒立，

是美国《商业周刊》评选的"亚洲之星"中首位获此殊荣的中国记者。她曾在 2000 年于《财经》杂志推出《基金黑幕》等力作，从而引发了中国证券市场的大地震。随后，胡舒立又发表了《庄家吕梁》、《银广夏陷阱》等力作，揭露中国股市的种种劣迹，促使有关部门痛下决心整肃证券市场的违规行为。该杂志也一夜成名；胡舒立因此被冠以"中国证券界最危险的女人"。

胡舒立的成功，就在于她的开放，她有着新媒体应该独立的新观念，这使她敢冒险去报道一些黑幕，一扫国内传统媒体的旧风气。1993 年，她曾随中国女记者代表团赴美国华盛顿接受外国记者中心（COFJ）的专业培训；1994 年，她前往斯坦福大学读书；1995 年，她获得 COFJ 颁发的"杰出新闻记者奖"。当她以一种国际财经记者必须首先对广大股民和投资者负责的信念来进行调查时，她不可能没有揭发中国股市弊端的勇气。

中国有句古话："衣不如新，人不如旧"。

德国著名作曲家罗伯特·舒曼在其作品《舒曼论音乐与音乐家》中表示："人才进行工作，而天才进行创造。"

在谈论"新"之前，我们首先理解"新"字的含义，通常来说有下列四种：其一，新的，从未有过的；其二，少的，少见的，另类的；其三，反流行的，特别的；其四，给人新鲜感的。

"旧"的含义则有五点：其一，古老的，曾经有过的；其二，司空见惯的；其三，长时间面对的，几乎产生漠视的；其四，流行大众的；其五，无新鲜感的。

很显然，对于个人和社会来说，革新正是一切发展的根本动力。

从生理学的角度看：人类生命存在的本身，就是个新陈代谢的过程。

从心理学的角度看：感觉来源于变化的刺激。威廉·冯特在其心理学名作《人类与动物心理学论稿》中定律说："除非感觉接近感受性的上限或下限，否则其变化与刺激变化的绝对量值成正比。"

从社会学的角度看：促进社会发展只有两大元素：革新和竞争。法国哲学家柏格森认为：人类的进化就来源于人们总是在试图创造代表主流方向的新事物，譬如科学家通过发明创造来推动技术革新，艺术家们"蔑视任何形式的模仿，歌颂一切形式的创新"来推动风气和观念的革新。

有一位放下电视台主持人的"金话筒"工作而选择出国留学的人曾说过一句令我印象深刻的话："万无一失意味着止步不前，那才是最大的危险。为了避险，才去冒险，避平庸无奇的险，这叫值得。"

很显然，"推陈出新"的激情总能带给人挑战、刺激，也能驱动人进行一次次的冒险，无论是感情、技术、事业，乃至单纯意义上的冒险——地理探险。这次研究中，就有无数成功的企业家向我们表明，他们喜欢充满激情的生活和工作，也喜欢富有激情并且专业敬业的员工。

职业激情使唐骏不断冒险　"我要做的是每天上班都要有激情，我要找到一种我最能接受的方式。"这就是在盛大和微软中国都担任过总裁的唐骏的名言。或者说，这就是他成为著名职业经理人的原因之一：富有激情。

1990 年唐骏在美国创业 3 年，拥有 3 家公司，但唐骏觉得再这么做 10 年、20 年，公司也就这么大规模了，于是，他去了微软。

在微软，唐骏能够工作 10 年，很大程度是因为职务从工程师、部门经理到中国区总裁——基本上两三年一变："在上海，我把微软技术中心从我一个人创业的公司做到一个 500 人的公司，再把一个中国的技术中心变成一个亚洲的技术中心，盖茨过来揭牌。全球中心做完后，这个工作对我来说已经没有挑战性了，我选择到微软中国做总裁。"

当唐骏几乎做到了一个微软职业经理人的极限时，激情再次消失。于是，他走向了盛大娱乐——其实这也是他不久前主动从盛大辞职的原因："我记得我走的时候，盖茨过来说你还继续做中国区总裁，但我给你一些其他业务。我已经失去这方面的激情，为了一个总裁的位置而做总裁，我不是这样的人。"

我们无法评价唐骏不断追求激情是否正确，因为每个人都该有自己的生活方式。但很显然，如果骨子里没有喜欢挑战的激情，唐骏就不会成为今天的唐骏。

当然，盲目的不断求新并不是一件好事。

这个"新"必须建立在合拍、合适、合宜的基础之上，如果还没有旧事物更实用，就失去了新的意义。正如单纯的技术或者管理体制的革新，并不能成就一个企业一样。

曾有许多"海归"回国创业的时候，就犯了这类错误，盲目使用新的管理制度和新的技术产品作武器，却忘记是否与现实合拍，结果留下无数遗憾。无疑，"海归"与本土人才相比，优势就在于对本土各方面同样熟悉和了解，同时又能带来西方的新思想、新观念、新技术。而如果丢了东方，变成东、西方两种思维搞对抗，肯定会水土不服的。

易趣网的创始人邵亦波目前转做风险投资，就曾表示："我不会投新海归的公司，虽然我自己是海归。我也不喜欢我投资的公司招新海归，刚回国的留学生，尤其在国外多年，对国内的情况很多时候连鬼佬（中国土地上的外国人）都不如。鬼佬还知道自己不了解，海归却以为自己了解，反而更危险。他们在国外的温室长大，到了中国的丛林，被吐唾沫，捅刀子，很多时候怎么死的都不知道。"而他欣赏的是："我喜欢回国两年以上，有中国实战经验的'海龟'。他们有外国的见识，也有'土鳖'的机灵和执着。"

4. 产生危机感的环境

现代社会，竞争日益激烈，无论从事何种职业，人们都会感到危机感所带来的压力。许多人因为压力而焦虑难安，许多人因为压力而日夜奔波，许多人甚至在压力下崩溃。

可是，当我们假设一下没有危机感的情形，却又会发现，危机感不能不存在。

没有危机感，我们就没有压力，成为失重的人。当我们失去了事业和生活的重量感，就会进而满足现状，不思进取，不敢开拓和冒险。正如孟子所说："生于忧患，死于安乐。"

哈佛商学院教授理查德·帕斯卡尔有一句名言："21世纪，没有危机感是最大的危机。"

内心的危机感，通常能够使人爆发惊人的胆量，是勇气的重要来源之一。

危机感迫使我们做出改变，进行冒险。要么在沉默中死亡，要么在沉默中爆发，这也是危机在心理上给人的暗示。尤其事关生存的危机感，永远能激发人最大的潜力，使人的勇气激增到无所畏惧的地步。因此，人们把"置之死地而后生"当作兵法的精髓之一。

让曾经的"苦难"长留心头　新任的最高人民检察院院长曹建明也有着曲折的人生开放传奇。他在小学四年级时遇上"文化大革命"，中学毕业后被分配到一家小饮食店当学徒，每天凌晨三点多就硬撑起来上班，从出煤渣、生炉子到和面、拌馅，所有的活都要干。也许过度劳累，一年不到他的胃连续两次大出血。后来，他就把自己的这段经历当成一笔宝贵的财富，用以时刻激励自己努力进取。他说："正是在这里，我经受了永远难以忘怀的磨砺，学到了在其他地方难以学到的东西。"

由于心里一直保留着这"一种强烈的危机感和使命感",所以考上大学之后,"无论春夏秋冬,每天凌晨四点半,我准时起床,跑步后即投入紧张的学习。数年如一日,这么早起床读书,很多同学觉得无法做到,觉得不可思议。对我而言,相比在饮食店每天三点多起床干活,那真是一种幸福了……排队买饭时、坐车时、开会前,我都会抓紧背几个英语单词。所有的节假日,我都是在图书馆里度过的……七年寒窗,我连续六年获得'上海市三好学生'的荣誉称号。"

1988年10月,曹建明作为访问学者去比利时根特大学进修,他依然没有忘记用过去的苦难和危机,除了跟教授讨论外,他几乎所有的时间都泡在图书馆里。他的导师因此感叹说:"你是我接触的所有中国人中最勤奋的一个"。也正因为他的刻苦认真,教授们参加学术活动都喜欢带他去。于是他去过荷兰、卢森堡、德国、法国、前南斯拉夫、瑞士等许多国家,参加了许多的国际会议和访问了许多大学及研究所,结识了许多著名的学者和专家,这为他今后的法学研究奠定了扎实的基础。

慧聪集团的创始人郭凡生是另外一个例子,他少年时代曾上过山下过乡,十多岁时还当过兵。后来,这段充满危机和苦难的经历给他的人生增加了莫大的胆量。他在一次采访中说起当年创业时的心态:"1988年我已经是副教授,已经很有学术成就,晚上我就看着一墙的书心里感觉比较酸,走到35岁了不得不走另外一条路,这是心里难受的。但是不得不走这条路的时候我并不怕……"原因则是过去少年时代的经历——"那段生活使我真正具有自信心,如果创业失败了,我去扛麻袋也可以养家糊口。而当一个人愿意扛麻袋最终生活的时候,就什么也不怕了。"

荷兰银行中国区主席邱致中也有过类似的经历,但他认为:"如果没有在崇明农场务农六年、没有经历这些人生苦难,也形不成我后来的思想和处世哲学。我希望我的小孩将来也知道我过去的故事、知道我曾经做过农民，通过这些，让他们了解生活中也有许多不尽如人意的地方、知道世界并不总是一帆风顺。"

当然，我们还需要注意的是：危机感是一种心理状态，其存在不一定是事实的逆境和困境。

身处逆境和困境，危机迫在眉睫。聪明的个人，聪明的企业家，聪明的政府，都善于在顺境和逆境下勇敢面对危机感，保持忧患意识，使自己依然能够坚持不懈地努力。所谓居安思危，未雨绸缪，有备无患就是这个道理。

王波明的生存危机　又如很少有人知道的是，中国证券市场的建立者之一、财讯集团的董事长王波明曾在北京农药二厂一个烧碱车间当过工人，因为遭遇"文化大革命"，连初中都没有读过。

当时农药厂到处都是刺鼻难闻的毒气。有一次，车间管道出口下面4个工人清淤泥时中毒。王波明冲过去救人，被一位戴着防毒面具的技术员拉住，让他回去戴防毒面具。结果等王波明回来，那4个人已经当场死亡，先下去救人的几个技术员也因为防毒面具饱和中毒死亡，拉王波明回去戴防毒面具的技术员变成了植物人。一瞬之间，王波明跟死神擦了下肩膀。从那以后很长一段时间，王波明骑着自行车上班的路上都在想：今天不知道还能不能活着回去？

正是这种最原始的生存危机感给了王波明前所未有的决心——他必须改变现状。随后，王波明以超出常人的努力自学英语，然后由此进入北京食品研究所做翻译。1977年恢复高考，只有小学四年级水平的王波明报名参加了高考并被录取，他后来还留学美国纽约市立大学和哥伦比亚大学，完全改变了自己的一生。

几乎所有具有冒险精神和开放意识的创业型领袖人物，就算创业的艰难已经时过境迁，此时身处顺境，心底依然有着很强烈的危机忧患意识，并且因为这种危机意识，能够更好地保持继续奋斗的激情。

微软的比尔·盖茨总是感到紧迫的危机感存在："微软离破产永远只有 18 个月。"

海尔的张瑞敏总是感觉："每天的心情都是如履薄冰，如临深渊。"

联想的柳传志总是认为："你一打盹，对手的机会就来了。"

巨人企业的史玉柱曾有过失败经历，并且跌得很惨。东山再起的史玉柱曾向外界透露：他现在每一天都提醒自己也许明天就会破产，甚至巨人企业的"股价每涨一点，压力就大一点"。结果，现在巨人的成功比过去更牢固。

李彦宏也经常强调："如果我们做得不够好，就有可能陷入很被动的地步。所以，我一直跟员工讲，百度离破产只有 30 天。别看我们现在是第一，如果你 30 天停止工作，这个公司就完了。这个市场变化非常快，之所以大家看好这个市场，就是因为它的成长速度非常高，成长也是变化的一种，如果你不能及时把握市场需求的变化，就会被淘汰掉。"

先后创建过亚信公司、中国宽带产业基金，担任过网通总裁的田溯宁，也一直认为："管理一个企业，你一定要天天想到危险。企业成长的过程，就像是学滑雪一样，稍不小心就会摔进万丈深渊。只有忧虑者才能幸存。清醒的头脑是最起码的，天天想危机，危机就在明天，危机可能几个小时内就会发生，才能尽量地避开危险。"

这些身经百战的创业家们都深知个人和企业缺少危机感的后果：员工如果没有危机感，就会回到得过且过、缺乏效率的大锅饭时代；企业如果没有一点危机感，就会像龟兔赛跑中的兔子，一旦看不到乌龟的影子，便躺在以往的业绩上面睡大觉。在瞬息万变的市场，这正是最大的危机。

任正非的危机管理哲学　1988 年，任正非和 6 个伙伴揣着 2 万元，把华为安置在深圳南山区一个不知名的小角落，进行了人生当中第一次冒险。他后来在自己的文章《我的父亲母亲》中回忆说："（从部队）走入地方后，不适应商品经济，也无驾驭它的能力，一开始我在一个电子公司当经理，栽过跟斗，被人骗过。后来也是无处可以就业，才被迫创建华为。"

华为开始只是一个小小的代理商，在代理业务露出下滑迹象时，任正非毅然决定将赚取的钱投到该行业的自主研发上，冒险的结果是势不可挡。也许是因为过去每次都能在危机中爆发出惊人能量，在电信业最火暴的时刻，任正非写下了《华为的冬天》："现在是春天吧，但冬天已经不远了，我们在春天与夏天要念着冬天的问题。我们可否抽一些时间，研讨一下如何迎接危机。IT 业的冬天对别的公司来说不一定是冬天，而对华为可能是冬天。华为的冬天可能来得更冷，更冷一些。"

任正非认为危机感能使人具备"狼性"："企业发展就是要发展一批狼。狼有三大特性：一是敏锐的嗅觉；二是不屈不挠、奋不顾身的进攻精神；三是群体奋斗的意识。"所以，他提倡危机管理哲学。这也让许多管理学家把他摆上显目的位置，美国《时代周刊》杂志评 2005 年度"全球 100 名最具影响力人物榜"时，就将他列名其中。

黑夜和白天总是密不可分，没有黑夜就没有白天。危机也同样如此，危险和机会是并行的。成功者和失败者的区别就在于：成功者往往能够把危机感转化成为人生开放、冒险进取的动力，并最终利用了危机中的机会。

人的行为心态通常有三种：一是试试看；二是尽力而为；三是不成功就成仁，这是冒险的心态。

众所周知的是，试试看意味着不全力去做，走一步看一步，结果可能"妙手偶得",而更多的是浅尝辄止。这种做法只能是你握有足够筹码——才需要不把所有的鸡蛋放在一个篮子里,譬如许多 VC 在高科技领域的风险投资。

第二种尽力而为的心态是按部就班地努力。这意味着已有健全的机制,个人占据了顺境和优势,这时程序化的过程就是良性循环。但是,对于没有建立事业的人来说,对于身处穷困和底层的普通人来说,按部就班的做法,意味着继续平庸,因为拒绝冒险就意味着拒绝奇迹和转折。

第三种是不成功就成仁,这种心态的来源只能是危机感的存在。我们不得不承认:当我们必须做出改变的时候,也只有这种心态才能激发我们的胆量,使我们去冒险争取奇迹,以弱胜强、以小吃大。韩信"背水一战"的故事,就是军事史上使用危机感的典型案例,同样的典故还有项羽的"破釜沉舟"。

我们每个人的内心都需要适度的危机感,使自己保持进取的斗志,保持人生开放的胆量。

成功,是一个闪亮的字眼。它凝结着许多人的梦想和追求,也纠结着许多人的悲喜和仿徨。但成功的内涵到底是什么,一百个人可能会用一百种方式来诠释。

成功需要选对时机,但是选择时机要恰到好处,如果投人太早,则市场还没成熟,如果投入太晚,则会失去机遇。时机一逝,不可复得。当时机来临时,你必须当机立断,不可犹豫不决。当机立断是为了不失时机,在时机瞬间出现时善于捉住它。但有时情况紧急,根本就没有时间可利用,这时就要想方设法创造条件,争取时间。

劫匪的失败 娄门有两个贩布商人乘船航行,有个胡僧想搭船去昆山,船夫不同意。两个商人认为他是佛门弟子,应该帮助他,就劝船夫收留了他。

船开到湖中，胡僧拔出刀插在几案上说："你们要全身死，还是要断头？"两个商人见，十分吃惊地问："这是为什么？"胡僧说："我本不是善良之辈，搭船就是要得到你们的钱财。你们马上跳进湖里，还可以混个完整的尸首。"其洋洋得意，溢于言表。

两个商人一皱眉头，计上心来，流着眼泪说："法师容我们吃顿饭，再死也不遗憾。"胡僧嬉笑道："允许你们做个饱死鬼。"

两个商人和船夫利用做饭之时，暗商杀盗之计。这顿饭做的是炖肉，放了很多汤。船夫用一个大钵把肉和汤盛来。开始吃饭时，船夫趁胡僧不注意，举起钵扣在胡僧头上。肉汤滚烫，胡僧痛得嚎叫。就在他用手推头上的钵和抹脸上的汤时，两个商人手起刀落，砍下其脑袋，然后划船而去。

两个商人利用胡僧傲慢轻敌的心理，成功地运用了缓兵待发的心理战术。要不是他们有争取时间、创造战机的聪明，后果是不堪设想的。

中国著名经济学家厉以宁先生曾精辟地指出职业企业家与一般业主的三点区别：一是远见，即能够发现常人所不能见之商业机遇；二是过人的胆略，即在决策时能当机立断、抢占先机；三是要有高效配置资源的管理能力。远见可以使你发现机遇，管理能力可以使你拥有一个完备的团队，但如果没有当机立断、抢占先机的胆略，那么远见和管理能力也就会被架空，没有了用武之地。

有很多时候，大家都有很好的想法，但没有付之行动，结果不是忘记，就是放弃。当别人成功之时，才想起当初自己就有此想法。所以留下的只能是无尽的懊悔。一个人要就成就一番事业，就不能瞻前顾后，犹豫不决，一定要当机立断，敢于寻求突破，具备战胜自我的胆略。

现实生活中，随处可见一边是踌躇满志，一边又是瞻前顾后的人。

他们一边艳羡着别人成功，一边又对自己即将遭遇到的莫测心怀恐惧和忧虑。事实上，这些犹豫不决的人可以说已经病人膏肓，这些人养成了无论做什么事总是留一条退路的习惯。他们绝无勇气下定破釜沉舟的决心。他们不明白把自己的全部心思贯注于目标是可以生出一种坚强的自信的，这种自信能够破除犹豫不决的恶习，把因循守旧、苟且偷生等成功之敌，统统捆绑起来。

如果你有类似的习惯，应该尽快将其抛弃，学会敏捷果断地做出决定。无论当前遇到的问题是多么的严重，你都应该把问题的各方面慎重地权衡考虑，但你千万不要优柔寡断。即便你的决策总是错的，也不要养成优柔寡断的习惯。

什么样的人是强者？许多人会毫不犹豫地回答：能战胜别人的人便是强者！这个答案不能算错。然而，我们再来看另外一个问题：你最大的敌人是谁？许多中外著名的成功人士的答案几乎是惊人的一致——两个字："自己"。

瓦伦达是美国一个著名的高空走钢索表演者。在一次重大的表演中，不幸失足身亡。他的妻子事后说，她知道这一次一定要出事，因为他上场前老是不停地说，这次太重要了，不能失败，绝不能失败；而以前每次成功的表演，他只想着走钢索这件事本身，而不去想其他的事。后来，人们就把这种心态叫做"瓦伦达心态"。

其实，一个人要战胜别人并不难，往往只需要付出比对方更多的努力即可。然而，勇于挑战自己的弱点并战胜自己，不断地超越自己，才真正是人生最大的挑战和最为痛苦的过程。所以我们有必要提醒自己：别人能做到的，自己也能做到，别人达到的高度和成就同样也会在自己身上复制。

我们一定要抱定必胜的信心，即使遭遇失败也并不可怕，找到失败的原因和教训才是当务之急，接下来，付诸毅力和勇气，总会有柳暗花明、豁然开朗的时候。

什么叫胜利？今天比昨天好，明天比今天强，这就是胜利。

第四节　升华胆量　成就梦想

胆量不是胆略，我们还需要将自己的胆量升华为胆略。对此，我当然可以空泛地长篇大论：我们需要善于把握机遇，需要注意目标和方向，需要注意细节的积累，需要勤奋进取的精神，需要定位自身。我们需要明白的是：我们压垮对手并不是因为我们的特长，而是我们的优势。

特长只是优势的基本来源之一。因此，如何将胆量升华为胆略，归根结底只有一条：如何形成并利用我们的优势。

人生的优势战略有两个基本点：其一，面对对手，以长击短；其二，面对自身，扬长避短。

面试的诀窍——扬长避短　中国政府曾与世界银行、联合国计划开发署（UNDP）等协商达成在英国牛津大学培训中国政府官员的协议。而希望获得培训机会的人，除了需要组织上推荐之外，还必须通过统一的英语面试。

陈兴动就在英语面试中遭遇了困难。当时，世行驻中国副首席代表彼得对他进行面试，说话速度很快。陈兴动底子不强，加之在大学和研究生期间，花费在英语听力上的时间很少，因此，理解对方的话比他自己即兴说还要困难。后来，陈兴动采用了扬长避短的策略。一方面集中精神听对方说话，通过单词来判读对方的意思；另一方面回答问题时，尽可能把时间拉长，让考官少问问题。于是，彼得提的每个问题，陈兴动都用了近20分钟的时间回答，一个小时下来，彼得只问了他三个问题。面试结束之后，彼得还微笑着夸奖："你是所有面试的人当中表现最好的一个。"

就是这样一个巧妙的策略，改变了陈兴动这次面试的结果，而出国参加培训又改变了他的人生。现在，陈兴动已经成为非常活跃的投资专家，人大财经委都经常找他咨询。

从面对对手的角度来说，我们都知道田忌赛马的故事。这是一个典型的如何形成和利用优势的案例。对手的每一匹马都有绝对优势，但没有关系，优势是相对的，只简单地顺序调整，就能以长击短：上等马对中等马，中等马对下等马，下等马对上等马，这就形成了整体的优势，这也是典型形成优势的战略方法。

从面对自己这个角度来说，如何发挥自身优势，美国著名的"优势理论之父"、盖洛普公司已故的前董事长唐纳德·克利夫顿博士认为："在成功心理学看来，判断一个人是不是成功，最主要是看他能否最大限度发挥自己的优势。"

优势层次与优势运用　唐纳德·克利夫顿博士和他的盖洛普公司，曾对数万名事业有成的销售代表、经理、领导人、公司主管、教师、医生、飞行员和运动员进行过深入研究。他给优势的定义分为两个不同的层次：在基本的层次上，优势就是你擅长做的事，你的特长；而在较高级的层次上，优势是一种擅长的行为、思维和感觉的模式，它能产生高度的满足和自豪，带来心理和财富的回报，并以可测定的方式向成功推进。最后，他得出结论："每个人都有天生的优势，教育的优势就在于发现优势，并发挥优势。"

"当人们把精力和时间用于弥补缺点时，就会无暇顾及发挥自己的优势，同时可惜的是，任何人的缺点总要比才干多得多，而且许多缺陷是后天难以弥补的。"

正如唐纳德·克利夫顿博士的观点，优势的定义很广泛，不仅仅包括个人的技能，还应该包括个人的各种特质，包括与你有关的先天或者后天的各类事物：诸如外貌、身高、服饰；诸如观念、思维、文化；诸如自信、勇气，等等，都可以成为你的优势。当然，我们还需要关注特长、兴趣、爱好等等，它们也能够提供基本的优势来源。

换句话说，每个人可以形成优势的数量和种类都庞大无比，甚至连自己都无法完全清楚。因此，优势的数量和来源并不重要，甚至毫无意义，就算拥有十八般武器，并且样样精通，但能拿在手上使用的也就那么一样。人生由胆量提升为胆略的关键在于：对外要善于利用关键的优势，对内要树立自己的基础和核心优势。

当我们在竞争中具有十分关键的优势，当我们将生活、工作、事业建立在各种核心优势之上，扬长避短或者以长击短时，这样的人生开放将会更加高效。关于如何了解自身的优势，可以注意以下几点：

1. 倾听内心的渴望

核心的优势应该符合自己的内心期望。我们要从倾听内心开始：期望实现什么？理想目标是什么？爱好和兴趣是什么……内心的这些渴望，将会告诉我们：我们的核心优势应该建立在哪里？我们应该怎样去利用自己的勇气？什么事最值得我们去冒险？

因为渴望才有希望　易趣网的创始人邵亦波，非常信奉一句话："一个人要成功，一定要找到自己最想做的事，当然这也是他最能干的事，这样他就能够每天都很有劲地去工作。"

邵亦波人生当中有过三次重要的转折：第一次是放弃了名牌大学的直升，孤身一人到哈佛学习物理及电子工程专业；第二次是本科毕业时，放弃了进入物理研究院的机会，转而进入波士顿咨询公司工作；第三次是哈佛商学院 MBA 毕业后，放弃 15 万美元的年薪和几乎唾手可得的绿卡，回国创办易趣网。他之所以有勇气做出这三次决定并且获得成功，正是因为他内心的渴望。

　　"当初学数学，是受父母的影响，并不是我最想做的事；大学毕业后，发现自己其实并不是甘愿呆在实验室里的，所以选择咨询业；后来，易趣网这种商业模式在我大脑中出现的时候，才发现选择回国创业才是我最想做的事，也是最有劲儿的事业。"

2. 注意进步快和表现完美的领域

　　不知道你有没有这样的经历：天天踢足球，经常看足球比赛学习，可就是比班上大多数同学踢得差；我们试图去读些哲学书增加思想，可无论怎么读了又读，就是不知所云；我们很希望自己成为一个数学人才，我们也非常勤奋，非常努力，可就是没有别人那么会打算盘……如果做某一件事，总是不开窍，就说明这确实不是适合你的领域。

　　进步快和完美表现是找到优势最明确的体现之一。如果一学就会，并且表现完美，产生"我天生就会""非我莫属"的强烈感觉，那么，很可能我们天生擅长并适合做这类事。而通常做这些事，我们也会做出在外人看来是"疯狂"和"冒险"的举动，只不过在自己特长的领域冒险，成功的可能性要大很多。

3. 专注最熟悉或一直从事的行业

　　你过去一直所从事的行业，也许不一定是你最喜欢最擅长的领域，但却可能成为你最好的基础积累。"本行"的东西总会让你感到驾轻就熟，由此可能产生得心应手和游刃有余的感觉，而且你在熟悉的那个职业和行业上，已经积累了能力、经验、资源、渠道、人际关系等等——这其中许多相对于别人来说都是优势。

　　大多数成功者的创业，一般都从自己最熟悉或者从事过的行业开始，然后专注地做下去。正像梅菲特涂料公司董事长喻恒所说："人生有限，我们要学会聚焦。只有聚焦，才能有所成就。相反，太阳光虽然照亮宇宙，但因为不聚焦，却穿不透一张白纸。"

人的潜力有多大？每个人的潜力发挥出了多少？

有一个笑话，说比尔·盖茨一边思考一边走路，见到地上有一百美元，他没有拾，就直接走过去了。有人问他为什么，他说："2001年一年我的财产增加了一百亿美元，平均每个工作日增加四千万美元，每秒钟收入大约一千三百美元。我弯腰一次，可能花三秒钟的时间，耽误三秒钟的思考时间会少三千九百美元的收入。我为什么要去拣一百美元放弃了三千九百美元呢？"

假如一位销售代表的月收入是一万元，大约一千二百美元，大概是比尔·盖茨一秒钟的收入。销售代表辛辛苦苦干了一个月，居然不如比尔·盖茨一秒钟挣得多，原因在于普通人没有将自己的全部潜力发挥出来。也许，比尔·盖茨发挥了百分之五十的潜力，普通人只发挥了百分之十。

怎么能够激发自己的潜力？第一步是树立目标和信念。梦想越大，成就越大。人生一定程度上就是梦做出来的，越是卓越的人生，越是梦想的产物。可以说，梦想越高，人生就越丰富，达成的成就就越卓越。

编织一个美好的梦　只有高中学历的穷小子，站在雄伟的办公大楼前，羡慕地看着行色匆匆的白领阶层们，对着自己说："有一天，我也会成为他们之中的一员。"

从那天开始，他每天都乐在工作中。不管遇到的人有多尖酸刻薄，被分派的任务有多枯燥乏味，他心中只有一个念头："终有一天，我会出人头地。"

虽然在工作中，他始终都没有明显的进展，但他仍然努力地朝着"成功"的白领阶层迈进。直到两年后的某一天，偶然聆听一位成功大师的演讲之后，他的人生有了新的变化。听过那场抑扬顿挫、口若悬河的演讲，他开始羡慕与那位大师，从那一刻起，他开始幻想自己有朝一日也能站在台上，并风度翩翩地朝台下成千上万的观众侃侃而谈。

他开心地想象着：哇，那将会是多么荣耀的一件事啊！

从此，穷小子开始有了新的梦想，编织着成为一个演讲家的梦。

十多年后，一个原先人们眼中的穷小子，竟然摇身一变，成为街头巷尾人们谈论的名人，他就是享誉国际的激励大师安东尼·罗宾。

"敢想"不等于空想，更不等于胡想。敢想，有两层意思，一是要有高尚而明确的人生目标，二是这个愿望要非常强烈。围绕这个目标，制定一系列切实可行的具体目标和行动步骤。一句话，敢想就是指可以付诸行动的强烈愿望。

"敢做"也不等于胆大妄为，更不是违法乱来。敢做，也有两层意思，一是指人必须有冒险精神，必须敢于去做，畏缩拖延永远不可能成功；二是指我们在追求目标的过程中，要勇敢地面对各种挫折与失败，不可半途而废，应该愈挫愈奋，不达目标誓不罢休。这两点正是成功人士所具备的特质，两者缺一不可。

亚洲在财富上超过李嘉诚的人是谁？这个人就是孙正义——软件银行集团董事长兼总裁。

疯狂的孙正义 孙正义在 24 岁创业的时候，他的公司员工只有两人，公司非常小，开业那天，他站在公司的苹果箱上告诉两位员工，他说："我叫孙正义。我们公司叫软件银行。在我 40 岁的时候，我会变成世界首富，我们公司的营业额 5 年要达到 100 亿日元，10 年要达到 500 亿日元。总有一天，我们公司的营业额将高达 1 兆日元！"听完之后，他的两个员工立刻辞职不干了，他们说："老板疯了。"

后来，孙正义真的验证了他站在苹果箱上发出的誓言，成为亚洲首富!

　　有哲人曾说："什么样的人最伟大？有梦想的人最伟大。"的确，伟人之所以伟大，就是因为他成就了一个伟大的梦想；伟人之所以伟大，就是因为他在实践一个伟大的梦想；伟人之所以伟大，根源就在于他有了一个伟大的梦想。

　　超越平凡，你就要拥有一个非凡的梦想，成就你的梦想，因为这将意味着你拥有一个辉煌的未来！

第五章　开发人脉　利用无形的资源

这是一个人人都希望成功的年代。这是一个沟通胜过拳头的年代。这是一个人脉决定输赢的年代。为什么人际关系问题受到如此高的重视？人脉即财富。美国石油大王洛克菲勒在谈到人际关系问题时说："应付人的能力也是一种可以购买的商品，正如糖或咖啡一样。我愿意支付酬金购买这种能力，它比世界上任何别的东西都有用得多。"所以，能否更好地处理与他人的关系，常常成为人们能否成功的决定性因素。

第一节　构建圈子　成就未来

著名的励志大师卡耐基先生说："一个人的成功 85% 靠人际关系。"中国相关的流行语则更多，如："在家靠父母，出门靠朋友"、"一个篱笆三个桩，一个好汉三个帮"。也就是说善于与人精诚合作才能顺利地取得成果。

我们如何积累人脉资源？如何保持人际关系的资源？一个创业者如何招揽人才建立忠诚的团队？一个雇员如何融入一个团队、在这个团队中受欢迎？……

在处理人际关系、与人沟通方面，儒家是了不起的专家。《论语》里，子贡问孔子：有一言而可以终身行之者乎？孔子曰："其恕乎。

己所不欲，勿施于人。"这话真真说到了与人沟通、合作的大智慧和根本原则。将自己接受和不接受的都"推己及人"，而非以自己一时的狭隘心态与人相处。以开放的心态体会他人内心，替他人先想到，别人自然也会从心底接受你。与人沟通合作需要心态的开放。

你是不是在人生征途中经常感到自己势单力薄？是不是经常期望获得意外的支持？是不是意识到自己并不能解决一切问题？全美人际关系专家哈维麦凯甚至直白地问这个问题："如果凌晨两点，你急需要 70 万元钱，你有多少个朋友会不问理由、二话不说、迅速到银行汇钱给你？"

在这个世界上，谁都不可能是一座孤岛。一个人创业能否成功，不在于你不知道什么，你不具备什么技术，而在于你能否找到相关的人士来帮助你。一个企业家要取得成功，必须得到别人的合作，建立一支有效的团队；一个普通职员，要想在职场中春风得意，则必须学会如何与别人一道工作。

能够带来各种人脉关系的工具，正是各类圈子。

同样，没有人，也就没有所谓的圈子。

人脉是圈子的核心，也是凝结圈子内各种人际关系和资源的血管。一个圈子的形成，必须通过整合各种人际关系资源；一个圈子的维系，则必须通过人脉来联系、串通、运输、凝结；而一个圈子要发挥作用，则必须将各种信息转化为机会，将各种人脉转化为盟友、朋友、合作伙伴。

每个人都生活在圈子当中，无论在哪个时代，圈子对个人的成功都非常重要。在世袭社会，血缘关系的圈子将是决定力量，所以古语说"龙生龙，凤生凤"。而在开放社会，靠个人开拓的社交圈子作用则越来越重要，所谓"在家靠父母，出门靠朋友"。

要想从社交圈子获得广阔的人脉，我们就必须开放心态。

　　一个人如果不走向开放，就算能够"很好"地维护的人脉，也往往局限在血缘关系和身边接触范围的圈子之中。一个人的开放程度和社交能力的大小，往往决定一个人的圈子有多大，获得的资源有多少；而一个人自身的状况，则往往决定一个人进入社交圈子所能获得的单一资源价值有多大。

　　展讯如何渡过"生死关头"　2002 年，展讯公司研发的首颗芯片到了设计完成、准备制造样片进入产业化的关键阶段，但这时展讯的资金却发生了紧缺。

　　展讯的 CEO 武平后来回忆："在研发的关键时刻，我们创业团队几次遭遇过资金匮乏的难关。最严重的时候，我们部分高层管理者都作了变卖房产的最坏打算。当时，我们几个创始人和管理人员决定自我停薪或减薪。"

　　但要确保研发计划的资金需求，仅仅管理团队全面降薪显然不够。武平正是从同学圈子中获得了帮助。据说他们就是从清华校友那里先后融资了 1000 多万，最终渡过"青黄不接"的生死关头。

　　当然，人脉资源不仅仅带给我们各种人生的资源，同时也能够帮助我们成长。人总能从人与人的交往中获得各种锻炼，因此，我们要在开放时代走向人生成功，就必须通过打造属于自己的圈子，进而获得一个有用的人脉资源库。

　　对于开放型成功者来说，他们肯定都没有三头六臂，也同样经常需要别人的帮助，他们无论个人能力多么全面，都从来没有靠自己一个人解决一切问题过。但是，他们却解决了这些孤军奋战的苦恼，为什么？因为他们拥有充足的人脉圈子，而且关键的是，这些成功者的人脉圈子就算不是靠自己努力构建的，就算是从"父亲"那里继承过来的，他们本身也都有着高超的人脉维护和整合能力，而且他们还知道构建什么样的人脉圈子最能带给自己帮助。

百万富翁的人际关系网　美国乔治亚州立大学的史坦利教授在创作《行销致富》过程中，曾针对 2000 位百万富翁做了一项研究。结果发现：大规模的人际关系网是这些百万富翁的共同特点。史坦利指出，这些百万富翁都有不寻常的能力，可以辨别所认识的人当中，哪些人具有特别的"价值"。他们并不只是搜集名片，更重要的是他们能辨认哪些人能够并且愿意帮助他们；他们知道该与哪些人交往，可收相互提携之效——譬如彼此交换信息，甚至合伙做生意等。

西班牙著名作家塞万提斯就曾这么说："重要的不在于你是谁生的，而在于你跟谁交朋友。"

《西游记》中的孙悟空虽然掌握了七十二变的绝技，也有金箍棒在手中。但沿途保护唐僧却碰到了不少厉害的妖怪，真本事也有不能解决问题的时候，这时，他靠的就是当初以"大闹天宫"的实力——在天庭里建立的人脉，才一次次化险为夷。

如今，国际上流行着一个词汇就是"mankeep"，其本意就是"人脉经营"，而译为中文我们叫作"脉客"。这正与善于使用人脉、经营人脉的人的含义相吻合，所以那些善于开发人脉关系、会经营人脉的人也被称为"脉客"。当下，人脉的重要性越来越被凸显出来，斯坦福研究中心曾经发表过一份调查报告，结论指出：一个人赚的钱，12.5% 来自知识，87.5% 来自人脉。

人脉已经成为影响我们生活和工作的重要因素。有了他们，我们不管是生活还是工作起来就会左右逢源，轻松愉快许多。因此，在纽约的一次"做人脉"主题大会上，一千多名"脉客"为大家总结出了人脉网中应该拥有的 10 种人：

——能够提供难以取得的门票的人。

你最重要的客户刚刚打电话来，告诉你今天晚上有一场甲 A 联赛，他需要 4 张票。你打电话问过所有的票务公司，都说没有票了。

这个不时之急，你怎么办？最好的办法是告诉你的客户你会处理，然后打电话给你的球票联络人，请他给你留 4 张票。

事实上，没有所谓的"全部卖光"这回事，有钱能使鬼推磨，但你必须知道要找谁。

——旅行社的人。

对于同在一架飞机上的旅客而言，一百名旅客就有一百种不同的机票价格。400 美元的票价，你可能 300 元就能买到，别人可能 200 元就能买到。为什么呢？因为他认识一位旅行社的朋友。而这个朋友又是最有办法的那种。谁不需要这么一个丰富的旅行经纪资源呢？

——猎头。

除非需要一份工作，大部分的人不会和职业介绍所的人说话。其实，这是没必要的，重要的不是你现在怎样，而是你未来会怎样。即使你现在工作非常稳定，你也不妨与他们建立良好的关系。在口渴之前先掘井永远是正确的。

下次，当就业顾问公司打电话来时，不管你多么满意目前的工作，都不要挂断电话，尝试说一些话。例如："我真的没有兴趣，但是你的电话令我受宠若惊。事实上，有时候我们可能会需要你的帮忙，或者找一份好工作，或者是寻找合适的人选。你可以留下你的联络电话，也许这一二个月里，我们可以吃顿饭，彼此认识认识。"

——银行工作人员。

难道你没有发觉，银行已在你的生命中产生了越来越重要的作用。你的投资理财都需要银行这个现代商业社会最重要的角色。有了银行里的人脉，当你的资金运作出现问题时，你知道该打电话给谁。

——当地公务人员。

几乎每一件事：填平路上的坑洞、运走垃圾、修理人行道、修剪树木、减低税赋、改变城市划分、子女就学、规范社区商业行为、监管空气、水以及噪声品质、你新买的车子被偷了、你家的门被小偷不请而入……你都需要当地公务人员。

——知名人士。

有许多人认为名人是很难接近的，其实他们是很寂寞的。所谓"高处不胜寒"，许多名人其实比你想象的要容易接近。所有名人都有他们的律师、医生、牙医、会计师、亲戚、喜爱的餐厅及常去的地方，也有经纪人、宣传、公关人员及教练。先去认识这些人，然后请他们为你安排与名人的见面，或替你打通第一次电话。

——保险、理财专家。

也许，你要等到出了什么事，才知道是否要投保。但你真的想这样吗？你希望有一天你因为没有买对保单而无法得到应得的补偿吗？如果你不在意晚年将依赖社会救济金过日子，就可以跳过这一项。

——律师。

社会是复杂的，各种各样的人都有。不错，你为人善良，处事息事宁人，不愿得罪任何一个人。可是，你要明白，走在树下都有落叶打痛脑袋。有什么纠纷，你不想对簿公堂，只想自己吃亏了结。但是，你不告别人，别人可能会反咬你一口。在公堂上，如果你的人脉关系中有知名律师，你的麻烦事就会少很多。

——维修人员。

一位优秀又诚实的维修人员是很重要的。你的汽车坏了，你家的下水道被堵了，你家的锁打不开了……实在紧急，你知道谁可以在最短的时间以最快的速度、最低的费用帮你处理。不好而且不诚实的修理工将使你损失惨重。

——记者。

从记者着手，即使你一生只用这一次，仍然可以使你脱离苦海。你有绯闻缠身，或有新产品上市。你的媒体联络人可以代表你，并站出来处理这件事。真正的公关专家也可以帮忙，他们正是以此为生的。

如何让这些人加入你的人脉？为了使他们成为可靠的资源，首先给他们所需要的东西，然后他们就会给你需要的东西。只要见过面，他们就不是陌生人。秘诀是，在需要他们的帮助之前先认识他们。

成功人士都有着自己独特的构建人脉圈子的方法，不一而同。归纳起来，构建自己的人脉圈子不外乎以下几条途径：

1. 从身边人着手

每一个人的人脉圈子，首先从对身边亲人的挖掘和积累开始，然后再慢慢到老师、同学、朋友、老乡、同事，最后再突围到更大更高端的圈子。其中，因为熟悉和了解，来自身边的人脉圈子，往往也是最牢固可靠的圈子。亲戚、老乡、同学、战友、同事，都可能成为你事业发展中的"贵人"；譬如马云创建阿里巴巴，启动资金就来自于他的亲戚、学生、死党朋友，以及几个曾经跟他从杭州到北京，再从北京回杭州的老部下。

因此，我们需要跟自己的亲人、朋友、同学、老师处理好关系。易凯资本首席执行官王冉就这么认为："不一定是同班同学，也不一定睡上下铺，但只要是一个学校毕业的，就会有一种亲近感。现在同学之中很多人已经在各自的行业里逐渐进入角色，这个同学网络就成了非常宝贵的资源。大家相互感染着，相互促进着，相互关注着。"

老师的帮助使阎焱出国留学　软银赛富基金首席合伙人阎焱之所以能赴美留学，就是因为他就读北大研究生时一个外籍老师——来自美国普林斯顿大学的访问学者罗杰。罗杰很欣赏阎焱。两人经常一起聊天。有一次他主动说："你应该去美国读书，我可以帮你写推荐信。"

阎焱通过托福考试，取得了美国普林斯顿大学录取通知书和四年

全额奖学金后，罗杰又在生活上给予了阎焱帮助。1986 年 8 月，阎焱
回忆说："我到美国的第一天晚上，就住在罗杰教授家里，他的家也
在普林斯顿。罗杰教授待我非常好，在普林斯顿，他仍然是我的专业
教授。我毕业多年以后，他也离开了普林斯顿大学。我们的友谊一直
到现在。"

　　我们还需要明白，你在一家公司工作最大的收获不只是你赚了多
少钱，积累了多少经验；还包括你认识了多少人，结识了多少朋友，
积累了多少人脉资源。因为这种人脉资源在你离开公司之后，还会继
续发挥作用，成为你无形的资产和财富。

2. 结交关键和重要的人物

　　令人遗憾的是，二八法则经常也适用于人脉资源积累。当你真正
发生财务危机时，80% 的所谓朋友不但不会主动借钱给你，甚至还会
不接电话，躲得远远的；大概还有 20% 的朋友，愿意给你正面的影响
和帮助；但能改变你命运的朋友，不会超过 5%。

　　因此，我们没有必要对所有朋友一视同仁，不要把精力和信任放
在酒肉朋友上，而应该抽取 80% 的时间用在最重要、最牢靠、对人生
有影响和帮助的 20% 朋友上，努力认识关键或重要的人。

　　已故的管理大师德鲁克曾做过一个这样的比喻："清理你的人脉
就像清理你的衣柜一样，将不合适的衣服清出衣柜，才能将更多的新
衣服放入衣柜。"

　　只有不断地认识那些能够改变或帮助你的人，才能构建有用的人
脉资源库。

　　推助搜房网的"重要人物"　　2005 年，搜房网总裁莫天全曾与特
雷德公司的董事长约翰·班恩共进晚餐，两人一见如故。于是，约翰
打算向搜房网投资 2250 万美元，以换取 15% 的股份。当时搜房网并

不急缺资金，也不需要融资，因此，董事会的成员大多不同意约翰的入股。

然而，莫天全却坚持让约翰入股。他认为：约翰是全球最杰出的企业家之一，特雷德是全球最大的分众广告传媒集团，"对于公司治理、长远发展和规划，这两者都能给予我们启发和帮助"。

后来，正是因为约翰的帮助和引荐（约翰曾把特雷德公司在大洋洲的地产资讯业务，全部转让给了澳大利亚电讯），2006 年 8 月 31 日，中国互联网终于迎来了本年度最大一笔投资，澳大利亚电讯以 20 亿人民币收购搜房网 51% 的股份，促成一次皆大欢喜的买卖。

认识关键和重要的人物，当然首先要开放你自己，从各种渠道入手，而不是仅仅局限于你经常所接触的圈子，除非你本身已经是个很高端的人物。比如学生可以争取以志愿者或义工的身份参与学校各种重要活动、成功人士讲座、校外的会展等；毕业生争取一流的大公司，通过职业交际结识更多杰出人士，有一定积蓄和工作经验者，就可以多多参与有顶尖人士的会议和论坛。

3. 对接触"陌生人"保持开放的心态

我们每一个人，都渴望获得额外的帮助，尤其是在用尽自己资源依然难以取得成功的情况下。但是，如果我们对于接触陌生人和外界社会怀着排斥而非开放的态度，又怎么可能有意外的收获呢？

这其实也就是我们人际交往的能力。

当然，对认识"陌生人"保持开放心态或者说喜欢人际交往，并不是要轻易相信陌生人，或者到处滥交朋友。通常所说的"社交才能"应该包括这几个方面：

性格外向，对外界反应敏感，善听弦外之音；

能够包容和理解不同价值观的人；

善于批评他人及能够接受批评；

情绪稳定，有良好的自我判断和对外辨别能力。

4. 维护好人际关系网络

如何把接触的圈子中人转化为人脉资源？如何将圈子的人脉资源转化为事业资源？这里，最关键的是维护好人际关系网络。

美国前总统的西奥多·罗斯福曾说："成功的第一要素是懂得如何搞好人际关系。"

美国成功学大师卡耐基则说："专业知识在一个人成功中的作用只占15%，而其余的85%则取决于人际关系。"

IDG 的全球副总裁熊晓鸽，原来是一个记者，他之所以能加盟 IDG 并走上后来丰富多彩的 VC 之路，就跟他善于人际交往以及善于保持人际关系有关。

善结人缘让他加盟 IDG 在加盟 IDG 之前，熊晓鸽曾与 IDG 董事长麦戈文有过三次接触。

第一次接触老麦，是在 1988 年中秋之前，熊晓鸽还在弗莱彻学院读书，时任中国信托集团公司董事长的荣毅仁应邀来演讲。在宴会上，麦戈文想跟荣毅仁谈谈《计算机世界》，就找来"活动的组织者"熊晓鸽做翻译，他们就这样认识了。

第二次接触是 1990 年初，《电子导报》中方负责人和主管编辑到波士顿来访问。一天上午，麦戈文带了一个翻译过来拜访，没说两句，那个翻译就翻不下去了，麦戈文有点尴尬，就跟熊晓鸽的老板艾伦商量让熊晓鸽帮着翻译。结果，熊晓鸽陪了他们一整天。这件事让熊晓鸽更加了解 IDG，也与麦戈文更熟悉了。

第三次接触，熊晓鸽所在的《电子导报》中文版已经退出了中国市场，而麦戈文投资的《计算机世界》仍然没有撤。熊晓鸽电话采访他时，聊起了对中国市场的看法。熊晓鸽再次觉得与麦戈文很谈得来。

后来面临工作难题，熊晓鸽决定给麦戈文写一封短信求助。见面后，麦戈文拿出一本台湾出版的《微电脑世界》给他，让他写一份杂志的业务分析报告。几天后，麦戈文告诉熊晓鸽报告写得非常好，并立刻邀请熊晓鸽加盟 IDG。

美国的石油大王约翰·戴·洛克菲勒曾说："我愿意付出比天底下得到其他本领更大的代价，来获取与人相处的本领。"

如何维护和管理我们的人际关系网络？这是一门复杂的艺术，可以听听以下几个"小成本"建议：

填写记录卡片。经常记录在什么活动中结交的人，不要只写下名字，或者把名片收好就行了，你要写下你对他们工作最感兴趣的方面，以及他们感兴趣的东西，包括一些特别的事物。虽然没有多少细节，但需要的时候，它肯定能发挥出很大的作用。

保持背后的忠诚。人际关系中，一个非常根本的原则是尽可能地让人感受到你的信任，并且以此收获信任。这需要我们做许多事，比如当着朋友的朋友面赞美而不是批评。

特殊日子的祝福。小事也可以有大影响，在熟人特殊的日子送上一条短信、一封电子邮件等等，这个特殊的日子包括生日、婚礼、升职等等，当然，在别人困境的时候，你也不要忘记给一句几乎没有任何成本的祝福和鼓励。

保持沟通和会面的渠道。与同行每个月在聚会上碰面，这种内部聚会会有不少免费的内部消息；与朋友能够保持见面和交流的渠道，你会发现感情因此不褪色。当然，当别人有信息的时候，也肯定不会忘记提供给你。

没有任何一个人可以脱离社会而独自生存，也没有任何一种事业可以只靠孤军奋战而实现成功。

　　在现实的生活中，有些人不乏才华和能力，却总得不到重用和自己想要的成果，其重要的原因是没有丰富、良好的人脉资源。一个人的成功和幸福来自于丰富而有效的人脉关系。反之，一个人的痛苦和不得志也可能是源于必要的人脉关系的匮乏。

　　林登·约翰逊总统在美国历史上是个谜一样的人物。他在电视上的形象没有任何魅力可言：戴着一副滑稽可笑的老花镜，不断斜眼瞟看讲稿提示器，紧张得大汗淋漓。此外，他的一些声名狼藉的个人行为，例如，卖弄身上阑尾手术留下的疤痕，拎着爱犬的耳朵把它举起来，坐在马桶上处理公务等等。理所当然丝毫没给他的形象带来什么好处。

　　问题是：为什么在一个运转良好的民主制度中，这样一个人居然能爬到无数比他更加能干、更有魅力的同行头上，决定着国家的前途和命运？直到临终之前的几个月，林登才决定将这一"不传之秘"告诉自己的好友兼传记作者多里·斯基恩斯。这要从约翰逊总统22岁那年说起——

　　道奇饭店里的历史标记　那一年，这位前休斯顿中学老师在华盛顿得到一份新工作，成为一位众议员的助手。同其他工作在国会的议员秘书一样，他也是把自己的住处安顿在道奇饭店门厅底下的两层地下室里。这些地下室是为那些地位尚且卑微但却已经有资格让自己被梦想充满的年轻人而准备的，在一排卧房中只有一个公用的洗澡间。

　　未来的美国总统在道奇饭店度过第一夜的时候，有一些奇怪的举动。那天晚上，林登·约翰一共冲了四次澡。他四次披着浴巾，沿着大厅走公用浴室，四次打开水龙头，涂上肥皂。第二天凌晨，他又早早起床，五次跑去刷牙，每次中间间隔只有5分钟。

　　你千万不要错误地联想为这是一个乡巴佬初到首都紧张到不知所措之举。在华盛顿还不过三个月，这位初来乍到的人就成了"小国会"的议长，那是一个由众议院全体助手组成的组织。

这位来自德克萨斯州的青年人，有他自己的目的。饭店里还有 75 个和他一样的国会秘书。他要以最快的速度认识他们，认识得越多越好。对于所有渴求权力的人来说，再也找不到比这位 1931 年曾披着浴巾、站在道奇饭店的洗澡间里到处和别人打招呼的高大青年更好的榜样了。道奇饭店不止是某个地理位置的标记，它也是一种历史的标记。

约翰逊的成功之处就在于，他始终使自己置身于最富有影响力的圈子之中，成为这些圈子的缔造者、组织者或代表人物，从而深刻地影响了国家和人民。而对那些并不了解圈子的运作方式和影响力的人们来说，仅仅把他当作一个在公众面前不善包装自己的举止笨拙的人。

在约翰逊总统不尽如人意的公众表现背后，他其实是一位"一对一"沟通和谈判的大师。他每进入一个圈子，就以一种不可思议的坚定，使自己的理念与想法被每个人认同。一个理念统一了一个圈子，一个圈子影响了一个国家。这也是使我们对"圈子"开始着迷的原因。

如果有人认为，只有那些财大腰粗的"圈子"才有力量影响我们的未来，那同样是偏颇了圈子的内涵。事实上，如果一个圈子只懂得金钱与利益，而没有丝毫对于自身人文责任的自觉，它或许煊赫于当今，但在我们的未来中并不一定有它的位置。

约翰逊总统的故事提醒人们了解和关注圈子的存在及其巨大影响力，但可能很容易让人又把圈子当成那种不可告人的利益团体。这同样是由于不了解而产生的误解。并非没有衍生的利益，未来有影响力的圈子，首先是由共同的理念和价值观所联结的。

"关键不在于认识谁，而在想认识谁。"这个"想"并非世人通俗的欲念，而是一种自我认知与规划。"做什么事"与"和谁做事"其实是同一个意思，对于一个有想法的人来说，实现想法最关键的一点就在于找到和自己有同样想法的人。这才是"想认识谁"的真谛所在。

圈子其实就是一伙人，有影响力的圈子肯定是一伙有想法的人，一伙有责任感的人。人的未来取决于结交了什么样的朋友。

第二节　开拓圈子　结友八方

在开放的社会里，每个人都生活在圈子中。

一个人一出生，他首先就进入了亲情圈子，随后又自觉不自觉地打上各种圈子的烙印。人生的过程就是不断进入一个圈子，又离开一个圈子的演绎。

一般而言，一个人的人脉圈子可以分为三层：即亲情圈子、友情圈子和社交圈子。亲情圈子是人一出生就拥有的，关系几乎固定不变；友情圈子是我们经常接触而形成的圈子，如邻居、同学、同事等，关系相对稳定；而社交圈子就是我们为了生活广泛活动形成的圈子。这个圈子的人最不稳定，有的你可能打个照面却从来记不得名字，有的交往频繁所以会进升至友情圈子，成了较稳定的人脉关系。所以，社交圈是一个动态的圈子，圈子的大小完全取决于自己。

打破狭小的圈子限制，走向更大的人脉圈子，是人走向发展和成功的必经之路。形成自己丰富的人脉，还需要善于人际关系交往和人际关系处理维护。但是，许多人会有疑问：我们需要通过哪些途径来接触认识"关键和重要的人物"、有用的"陌生人"并维护关系呢？

在计划经济时期，人被绑在单位中，对于普通人来说，求学和当兵是唯一的两种能够改变人生圈子的途径。但是进入开放社会之后，人成为社会人，人生的圈子突破呈现多元化的趋势，但基本路径其实还只是以下几种：

1. 职业交往

一个人的社会交往活动无论如何丰富，但归纳起来无非是为了休闲或者事业。而对于为事业而社交的人来说，职业社交正是把握人脉最好的工作机会，比如接洽媒体、与各类客户打交道、参加各种行业聚会和品牌活动，等等。这些都能够为你提供与事业发展直接相关的资源。

前同事的父亲"助"他找到新工作 现在担任美国中经合集团董事总经理、中国区首席代表的张颖，就是个因为善于"职业交际"而获得过帮助的开放型成功者。

1996年，张颖从旧金山大学毕业，进入 UCSF/斯坦福医学院旧金山医学中心工作。他在工作中很注意结交朋友，同一实验小组的同事 Rey Banatao 就和张颖成为了很好的朋友。张颖因此常到 Rey 家玩，也由此认识了 Rey 的父亲 Dado Banatao——一个菲律宾裔的亿万身家的美国投资家。

后来，张颖前去美国中经合集团应聘投资经理，恰好中经合的创始人刘宇环跟 Dado Banatao 是"多年的老朋友，认识十几年了。"于是，双方在面试中谈起了各自与 Dado Banatao 的交情，由此也产生了熟悉和信任感，并在这一共同话题的导引下谈得十分投机。2001 年 2 月，张颖顺利加入了中经合集团，成为投资经理。

通常，我们能从职业交往中能获得客户、盟友或者合作伙伴，同时也不缺乏成为私人交际的可能。

2. 学习交往

现代社会，学习已经不仅仅是年轻人的事，终身学习已成为全社会的共识。善于利用学习、培训、进修、访问的机会，多交朋友，多结人缘，这也是提升自身价值，积累人脉的好办法。譬如很多白领把上 MBA 班，当成结识企业管理人士、提升社交圈的重要办法：既可以听专家讲授的知识，也可以通过 MBA 班扩展人脉，特别是时下流行的 EMBA 班，更是可以认识来自各行各业的同学，了解到很多有价值的信息，再加上学校历年毕业的师兄弟，这构成了一个巨大的人脉关系网。

学校的圈子　完美时空公司已经在美国纳斯达克上市，是一家市值超过 10 亿美元的公司。公司的技术与业务骨干及所有董事均为清华校友，创始股东池宇峰更是清华人创业的骄傲，在教育软件和网游领域内成就辉煌。这是清华校友成功创业的典型。赛富亚洲投资基金合伙人羊东后来投资他们，据说部分原因就是因为这个共同的清华色彩。

同样，红杉中国基金创始合伙人张帆过去之所以能进入德丰杰工作，就是因为 1999 年在斯坦福大学读 MBA 时认识了德丰杰的创始人提姆。提姆早年也毕业于斯坦福的电子工程系，因此，当他把企业发展的目光投向中国时，自然也会想到张帆。

3. 社团与活动交往

如果我们想扩展家庭、学校和公司以外的人脉，就应该通过参加有活动和聚会也有吸引力的社团机构，或者参加各种开放的活动来开拓人际关系。我们都知道，平常主动亲近陌生人时容易遭受拒绝，但是参与社团或者活动时，人与人的交往在"自然"的情况下就比较顺利。这时，人与人的交往互动在自然的情况下发生，也有助于建立情感和信任。

华源科技协会的圈子以及华源三剑客　1999 年，陈宏同网迅公司的创始人朱敏、新浪网 CEO 茅道临、斯坦福大学教授张首晟等 5 人发起成立了华源科技协会，主要致力于促进中美商界的交流活动。

陈宏是第一任会长。他后来成立汉能公司，第一桩买卖就是帮这个圈子的成员华源的理事创建中微半导体设备公司的尹志尧融资。

第二任会长是朱敏。在硅谷这个由创业者、风险投资家、管理顾问、律师、会计师、大学教授与专家组成的大圈子中，没有谁能取代谁，正是各司其职的合作，才能创造出与众不同的硅谷。"集体英雄主义"正是这种圈子合作精神的最佳代名词。所以，朱敏认为他在华源的使命就是"要让中国人创业从个人英雄主义走向集体英雄主义。"

第三任会长是邓锋。他认为他们这些在硅谷打拼的华人组建这个圈子，不仅要帮助圈子内成员互通有无、交换资源、互相帮助，还要能架起一座沟通美国企业与中国企业的桥梁。于是，他上任第一年就牵头组织了"中美IT企业领袖CEO峰会"。正是在那次峰会上，马云和杨致远单独长谈，才促成了后来雅虎与阿里巴巴的战略合作。后来联想在美国招聘人员也是通过该协会协助完成的。

一般说来，圈子能够为我们提供这几种基本资源：信息和机会的资源、人脉和朋友的资源、平台和品牌的资源。

这三者是密不可分的关系，譬如人脉本身就是机会和信息。据说，盛大的董事长陈天桥之所以能与现在的CEO唐峻"喜结良缘"，就得益于圈子的力量：两人同时参加一个软件行业的聚会，碰巧坐在一起，双方一交谈，惺惺相惜，后来人脉就变成了机会，唐峻得以跳槽到了陈天桥旗下，或者说陈天桥得以挖走了唐峻。

我们每个人都有自己的圈子。圈子意味着可靠、可信、可用。因此，基于圈子的力量是非常强大的。社交圈往往会决定一个人的思维、性格甚至事业发展、人生际遇。不管你愿不愿意承认，"人情法则"已经演绎成社会法则。"人情法则"不仅是一种用来规范社会交易的准则，更是个体在稳定及结构性的社会环境中用来争取可用性资源的一种社会机制。

圈子意味着机会。对于个人来说，专业是利刃，人脉是秘密武器。专业如果加上人脉，个人竞争力将是一分耕耘，数倍收获。工作、事业上的圈子会让你获得直接的帮助和机会，而因为自己的爱好而融入一个圈子，则更意味着你拥有自己独特的品位和归属。圈子是生活里一扇特别的窗，人的生活特性注定了人们对圈子和圈内生活方式的依赖。

圈子的形成，依赖于我们善于整理人脉，形成一个事业平台；圈子的维护运用，在于我们善于处理人际关系，进而将资源转化为一种财富。因此，还有人说，圈子就是个人资源与社会资源进行交换、整合、匹配的一种魔方。善于借用圈子，整合人脉，处理人际关系，否则，你永远只是孤军奋战、陷入"好汉双拳难敌四手、好虎架不住群狼"的境地。

4. 聚会是拓展圈子最为普遍的形式

聚会是人际交往的主要方式之一。聚会场所因人、因时、因地而异，便于人们在其间交流情感、沟通信息、增长见识等。

比如，一些封闭式的私人俱乐部或是豪华的消费场所，会成为上流社会人士热衷交往的地点，如上海的新天地、外滩三号等，参加在这种场所举行的聚会也就成了很多企业界人士的一种社交渠道。而且还具有上流社会身份的某种标志，一般来说，多为工商界的杰出人士。所以外滩三号这样的场所，比较容易成为这类人群的聚会地点，也就是沟通的平台。他们可以在那里休闲享乐、交流分享，包括做生意，形成"聚会文化"。这样的聚会能把企业家、商界人士带人新的生意圈，找到新的赚钱模式或者新的投资项目。甚至一些比较著名的聚会场所，可以被看作是参加者在他活动的圈子之间进行交流的某种另类名片。

人脉圈，正是经商者拓展生意的必需途径。曾有统计数据显示，参加聚会的工商人士中，约有 36% 的人主要是工作或商务需求。另外，组织和经营这样的聚会场所，本身可能就是一种生意，这对场地提供者来说，也是一件名利双收的事情。

5. 成为被关注的人物

中国有句俗语："闷声发大财"。低调更是许多人都很推崇的处世智慧，但是，在一个开放的社会，这种观点已经不再适用。人们提到濮存昕会想到什么，自然会想到他为艾滋病作过公益宣传，这是因为他把大部分精力都投入其中，成为人们关注的人物。自然，濮存昕如果有什么事请人帮忙，人们也会非常乐意地去帮助他了。因为他早已被人所熟悉，人们从心里就对他有一种信任。

6. 记住更多人的名字

尽可能多地记住别人的名字，了解别人的爱好以及需要等。这体现的不是技巧，而是对别人最起码的尊重。当你准确地叫出偶尔邂逅的朋友的名字时，对方不仅会充分地感受到被尊重，也会加深对你的印象。

7. 慷慨大气结交朋友

现代社会，建立人脉远远不是过去所谓的"拉关系"那么粗俗简单，它包含很多层面的深化，需要用心经营。为了寻找人脉需要主动出击，找到想认识的人就想尽办法去结识，结识后当自己的好朋友就要慷慨对待。有人也许说：经常吃饭喝酒的那是酒肉朋友，不见得真心。但发展人脉的出发点就是先"跑量"再从中精选可重点发展的对象，而走好第一步，慷慨对人，让人感受你的大气是必须的。

——网上亮相聚人气。

科技的发达，让人际网络的往来变得多元而复杂。有的人，MSN上的朋友名单上百位。更厉害的人，经营一个网络商铺，居然有数百上千的忠实顾客。从某种程度上来说，红火无比的"超级女声"们也是聚集了数以万计的人脉，光是为她们发的短信就超过千万条。

而在网络上一天所认识的朋友，可能比过去现实生活中一年所认识的还多。网络交友已经成为时尚和流行，慎重的话，也是不错的"从虚拟变现实朋友"的渠道。

在这个时代，如果还死抱老想法，不屑于网络上的人脉，实在可惜。

8. 名片管理常保鲜

如果说，以上讲的都是"人情宝典"中的意识篇，那么这最后一招就是讲它的纯技术篇。中国台湾有位著名的"名片管理大师"叫杨舜仁，他号称有 16 000 多张不同人的名片，而经过他自己建立的一套名片管理系统，可以在几秒内找出任何一个想要的人的资料。

让他想到开发这个系统的契机是自己 2001 年从原来公司辞职时，群发了 3000 多封电子邮件，告知众亲友辞职的原因，同时感谢大家多年的照顾，没想到陆续收到 300 多封回信，其中包括 16 个全职和兼职的工作机会。

"这是我人生的一个转折点！"杨舜仁说，"如果当时是一通通拨电话，可能打不到十个就停了。"于是他开始进行名片管理的研究，系统地将名片输入计算机中，同时从推荐的 16 个工作机会里，选择一份赴中小企业讲演网际网络应用的兼职工作。他非常重视人脉的"保鲜"功夫，经常写封"嗨！我是舜仁，好久不见啦，最近过得好不好?"之类的短信,发给数百位朋友。

"现在开始整理你手边的名片,绝不会太迟。"杨舜仁说他有今天的成果也是一点一滴建立出来的。"其实工具就在你我身边,只要会用 Outlook,就能立即进人操作。每天换到的名片要立即在背面批注,包括相遇地点、介绍人、兴趣特征,以及交谈时所聊到的问题等,越详实越好,然后在建立'新联络人'时,将这些讯息打在备注栏里,以后只要用'搜寻'功能,便能将同性质的人找出来。"

生活之中存在许多的细节,却常常被人们所忽略。

人常常说:"得一知己足矣。"而我们现在所面对的是多元化的社会,只"得一知己"已不再适应社会发展的需求,而应是"交八方友"才能成"八方事"。

认识的人愈多,机会就愈多。这句话是实实在在的真理。若要创造更多机会、创造机会时更方便,便需要建立适当的人际关系网。广阔的人脉就是一个人通往成功的必不可少的外围支持;人脉是一个人通往财富、成功的门票。好莱坞流行的一句话叫做:"一个人能否成功,不在于你知道什么((what youknow),而是在于你认识谁(whom you know)。"

美国老牌影星麦克·道格拉斯之父寇克·道格拉斯年轻时十分落魄潦倒。有一回,他搭火车时,与旁边的一位女士攀谈起来,没想到这一聊,竟聊出了他人生的转折点。没过几天,他就被邀请至制片厂报到,那位女士原来是一位知名的制片人。这个故事的重点就在于,即使寇克的本质是一匹千里马,也要遇到伯乐才能美梦成真。

在 21 世纪的今天,"人脉竞争力"正日渐成为一个重要的话题。有学者分析,当一位表现平平的实践员遇到棘手问题时,会努力去请教专家,之后却往往因苦苦等待之后没有回音而白白浪费时间。顶尖人才则很少碰到这种问题,这是因为他们在平时还用不到的时候,就已经建立了丰富的人力资源网，一旦有事请教立刻便能得到答案。

杨耀宇是台湾证券投资界知名人物之一，他也是将人脉竞争力发挥到极致的最好的一个例子。他曾是统一投资顾问的副总，后来退出职场，为朋友担任财务顾问，并担任五家电子公司的董事。根据推算，他的身价应该有近亿元台币之高。为什么凭他一名从台湾南部北上打拼的乡下孩子，却能快速积累财富？这就得益于广阔的人脉，他说："我的人脉网络遍及各个领域，上千、上万条，数也数不清。有时候一通电话就可抵得上十份研究报告。"

在这个信息发达的时代，拥有无限发达的信息，就拥有无限发展的可能性。信息来自你的情报站，情报站就是你的人脉网。人脉有多广。情报就有多广，这是你事业无限发展的平台。

"火花"大王吕春穆　京城"火花"首富吕春移就是很好的例子。他原是北京一所小学的美术教师。一天，他在杂志上看到有人利用收集到的火柴商标引发学生们学习兴趣和创作灵感的报道，他决定收集火花。于是，他展开了广泛的交际活动。首先油印了二百多封言辞中肯、情真意切的短信发到各地火柴厂家，不久就收到六七十个火柴厂的回信，并有了几百枚各式各样的精美的火花。

此后，他主动走出去以"花"为媒，以"花"会友。1980 年，他结识了在新华社工作的一位"花友"。这位热心的花友一次就送给他 20 多套火花，还给他提供信息，建议他向江苏常州一位花友索购一本花友们自编的《火花爱好者通讯录》，由此他欣喜地结识了国内 100 多位未曾谋面的花友。他与各地花友交换藏品，互通有无；他利用寒暑假，遍访各地藏花已久的花友，还通过各种途径与海外的集花爱好者建立起联系。就这样，在广泛的交往中他得到了无穷无尽的乐趣和享受，为他成名创造了机会。

他先后在报刊上发表了几十篇有关火花知识的文章，还成为北京晚报"谐趣园"的撰稿人。他的火花藏品得到了国际火花收藏界的承认，并跻身于国际性火花收藏组织的行列。1991年他的几百枚火花精品参加了在广州举办的"中华百绝博览会"，他以14年的收藏历史和20万枚的火花藏品，被誉为火花大王而名甲京城，独领风骚。

吕春穆的成功得益于交际。他以"花"为媒，结识朋友，通过朋友再认识朋友，一直把关系建立到全球，从而，抓住了一次次机会，使他走向了成功。收获不只是你赚了多少钱，积累了多少经验，而更重要的是你认识了多少人，结识了多少朋友，积累了多少人脉资源。

人脉资源是一种潜在的无形资产，是一种潜在的财富。表面上看来，它不是直接的财富，可没有它，就很难聚敛财富。

第三节　呈现魅力　赢得朋友

我们如果想在圈子中收获良多，就必须融入圈子当中，并拥有与人交往和交流沟通的能力。实际上，融入人心应该是最难但也是最有价值的工作。而你要向对方推广自己的思想主张，并通过沟通才能融入对方的圈子。这甚至有点像男女谈恋爱，对错和公平不能完全计较清楚，包容、理解、退让、沟通和信任是融入人不可缺少的要素。

在如何参与圈子和与人沟通方面，需要注意以下几点：

1. 寻找共同的经历、爱好和兴趣

许多成员关系稳定的专业圈子往往意味着某种资源的集中，乃至一个小众群体的形成。一个人要想成功，要想发展人脉，就要加入一些有影响的圈子，并且在圈子中寻找有与自己相同的经历和或经验的人。

一个人要想扩大自己的圈子和交往半径，可以有三条途径：其一，如果你已在一个很好的圈子平台中，可以积极主动地与大家分享你的专业或行业知识和独特的经验。物以类聚，人以群分，这样你就能迅速扩大你所希望的交往和拥有的圈子半径。其二，通过各种关系，主动参加一些有影响力的组织和圈子，主动积极参加圈子里的活动，担当中坚或骨干的角色。其三，发起或组织在圈子里的各种社会活动，甚至花费大量时间和精力，赢得大家的认可。

2. 热情奉献

任何一个圈子的存在和发展，都必须有人奉献大量时间甚至金钱。而要想圈子扩大影响力，还需要在力所能及的范围内，积极主动地参与圈子的建设，热心组织各类活动。

没有付出，哪来回报？这一原则同样适用于人际交往和圈子生活。

3. 学会倾听

成为受欢迎圈子成员的最好办法，就是不要把自己当中心，要学会倾听。

学会倾听和理解他人，是人际交往中最重要的习惯之一。倾听是一种尊重，倾听是一种内涵。在与人交往时，千万不要总是自己一个人夸夸其谈，滔滔不绝，要学会首先请别人发言，倾听对方的意见。学会倾听远远比大多数人想象中的要困难，因为这需要良好的修养。不管你能力有多强，如果你不能弄清楚圈子中其他人的想法，你就不能成为一个有影响的人。

人生的倾听　人只有在最倾力思考的时刻，才会听到内心的声音；而心灵只在宁静之时，才拨奏琴弦。古人说："无欲则刚"。诸葛亮说："非淡泊无以明志，非宁静无以致远"。

父母在儿女面前常常唠叨不停，但很多话语是经验之谈，是爱的流露，是情感的释放。很多时候人都是爱之深，责之切。因此，你要学会倾听。

你有些坏习惯、小毛病，如不是亲人或朋友，恐怕没人直说。你在事业中做出了错误的决定，如果没有人向你指出，不是他们的心已经远离你，就是你不喜欢他们的意见。忠言逆耳是清醒剂，是治病良方，是团结的催化剂。

4. 与人分享

萧伯纳有句名言："我有一个苹果，你有一个苹果，交换一下每人还是一个苹果；我有一个思想，你有一个思想，交换一下每人至少有两个以上的思想。"

学会与人分享，并实现共赢，这是建立人脉关系网的最有效办法。

"刀削面"交八方友　加拿大加达国际商务公司的总裁阎长明，是个在学生时代就善于交"八方友"的人。他 1992 年到加拿大渥太华大学留学，曾担任过加拿大渥太华大学中国学生会主席、加拿大华人科技协会主席；同时，他还参加过当地社区代表的竞选，并且成功当选。

其中，阎长明最有趣的交友经历就是他的"刀削面外交"。当时阎长明刚来加拿大，为了能够结交朋友，融合环境，就主动在周末请学校的中国留学生吃刀削面（他是山西人）。大家一边吃东西，也就一边告诉他哪里买东西便宜，怎样学好语言，该选哪些课，怎样了解和融入当地社会。阎长明因此获得了很多朋友和信息，很快就打破了"人生地不熟"的限制。用他自己的话说："几碗小小面条，换来这么多朋友、这么大的经济和社会效益，太值了。"

北京大学党委书记闵维方说，留学生涯中，他至今不能忘怀的就是斯坦福大学的"午餐学术交流会",因为大家能够彼此分享生活和智慧——"学生和老师一起聚餐,大家不仅把自己拿手的菜式带来,也把自己的学术思想带来。一边大快朵颐,一边神聊海侃,各种思想火花都在这里聚集碰撞。这是一种极好的思想交流方式。"

分享是一种快速扩大人脉圈子的方式,你分享的越多,得到的人脉就越多。当然,我们应该清楚:用来分享的应该是快乐和成就,而非痛苦和失败。双赢是最理想的结果;而双输则无疑是最坏的结果,你不但没有减轻失败,还失去了朋友和人脉,甚至还可能多了个潜在的"敌人"。

能够发展成功的人,从做人上来说也是成功的人,因为他必定是一个受人欢迎的人。

无论是在生活或者工作中,我们都希望自己成为一个受欢迎的人,希望自己被别人喜欢和爱戴。我们希望别人看重自己,觉得自己受重视和被珍爱。我们也都希望自己有许多知心朋友,跟我们一起分享快乐,承担失望。

许多书籍和文章都告诉我们怎么取悦别人,以得到别人的喜爱。可是,这些让别人喜欢自己的方法,大多都是教给你怎样把自己变得讨人喜欢。所以,大多主张在生活中要顺从别人,不要攻击别人,并且多说一些别人想听的话,和同事们相处的时候,要表现得世故一些;和老乡在一起,则要尽量平实。

如果这么做了,你可能会暂时讨人喜欢,但不可能长久,因为你在讨人喜欢的过程中便失去了你自己。因而,过一段时间,你可能会发现,你的交往范围扩大了,而你自己却感到越来越孤独。所以,以失去自我为代价去取悦别人、让别人喜欢你,并不是最好的方法。

要使自己成为一个受欢迎的人,正确的做法就是要学会友好和礼貌。在聚会中,友好和礼貌则显得更加的重要,更能突显你与众不同的特质。

一个极温暖的词汇——"谢谢" 一次，一个小县城的一所中学要开家长会，来了几十位家长。几个女同学负责接待。可是，这些孩子根本不懂"接待"是什么意思，所以她们只是把家长们迎进，让座、倒茶。空下来的时候，就开始窃窃私语。交头接耳的女孩子们把眼光集中在了一个人身上，那是转学来的一位同学的母亲，来自北京。她的容貌并不漂亮，衣着和发式也并不显得很时髦，可是女孩子们用她们仅有的词汇得出了一个一致的结论：她最有风度。

其中的一个女孩子去给那位母亲倒水，回来时，脸颊红红的。她迫不及待地对自己的同学们说："你们猜，我倒水时她对我说什么了？"不等同学们猜，她就说了出来："她说，'谢谢。'"

女孩子们面面相觑。在她们这样的年纪，在她们这么偏远的小县城里，没有谁用过、听过"谢谢"这两个字。这是一个多么新鲜、温暖的词汇啊。随后，女孩子们开始争先恐后地去倒水，然后一个个脸红红地回来。轮到去倒水的女生甚至会有点儿心跳，她们总是害羞地走到那位"最有风度"的母亲面前，轻轻地加满水，红着脸听人家说一声"谢谢。"那个时候的她们，还不会说"不客气"。

那次家长会后，那个转学来的同学成为所有同学羡慕的对象。大家都认为，她拥有一个最最幸福的家庭。从那次家长会后，那些窃窃私语的女孩子们学会了一个极温暖的词汇：谢谢。

在人和人之间，最容易建立起亲近感觉的方法就是礼貌。当我们每个人都开始使用那最最简单但也最最温暖的词汇时，我们就能够得到最大限度的尊重。

生活中，大家每天都与别人相处，接触不同的人、不同的事。有些人春风得意，有些人却交际失意。出现这种情况，此时此刻你就该意识到"自己是否是位受欢迎的人"。心理学家曾做过这么一个实验：

让两组被试者向同一位女士打电话，事先告诉第一组被试者说，对方是个冷酷呆板、枯燥乏味的人；对另一组被试者说，对方是个热情大方、活泼有趣的人。结果发现，后一组参加者与女士谈得很投机，通话时间也很长，而前一组参加者与女士的交谈很难顺利进行下去。

同样一个女士，为何给人的印象如此大不相同呢？主要原因在于她在两种不同情境下，经过实验者的巧妙安排，呈现出截然不同的性格特征。一般说来，在人际交往中，人们都倾向于喜欢与那些热情开朗、自信乐观、诚实善良或者幽默风趣的人交往，讨厌与那些性格孤僻、消极悲观、自私虚伪或者自以为是、狂妄自大的人交往。

所以，要想在社交中受人欢迎，一定要善于反省自我，找出自己性格中受欢迎和不受欢迎的部分，对于受欢迎的性格特征则要采取措施加以改进和完善，这样才能不断提升自己的人际引力。

——你是否对别人真的感兴趣？你要是真的对别人感兴趣，两个月内你所交的朋友，会比一个只要别人对自己感兴趣而自己对别人没感觉的人两年内交的朋友还多。

——你是否能够记住别人的名字？记住别人的名字，而且能够很轻易地叫出来，事实上就等于给别人一个巧妙而有效的赞美。

——你是否能够做一个好的听者？一个跟你谈话的人，对他自己的需求和问题，要比对你的需求和问题感兴趣百倍。——你是否能让别人保住面子。事实上，你伤害过谁，也许早已忘了，可是被你伤害的那个人却永远不会忘记你，他也决不会记住你的优点。

——你是否时常微笑？微笑是最美的语言。语言是用来沟通的，而沟通是多方面的，只要你永远微笑，那么迎接你的永远也是微笑。

总之，在生活中以诚待人，多站在对方的立场替对方想事情，慢慢地，你就会成为一位很受欢迎的人。

人格是一个人品质、意志和作风的集中体现。高尚的人格总会得到他人的称赞，于是就产生了人格魅力。

　　人格魅力和人品是相辅相成的。没有魅力的人不会有出色的人品，没有人品的人也根本不会有魅力。人格就是人的样子，是人的心态、品格、个性、气质和行为方式的基本特征。展示自己的人格魅力就是表现真实的自我——自己自觉自愿表现出来的自我形象，而不是迫不得已装出来的样子。

　　现实生活中绝大多数的人既不是真正的君子也不是纯粹的小人，虽然境界不是很高但品行也不差，修养不是很深但也不乏良知，知识不够渊博但不假充权威……这些表现谈不上完美，但绝对比极力掩饰要可爱得多。

　　人格魅力不是追求完美，而是发展积极的心态，表现真实的自我。真诚待人、恪守信义是赢得人心、产生吸引力的必要前提。待人心实一点，诚一点，守信一点，这都能更多地获得他人的信赖、理解，都能得到更多的支持、合作，因此也能获得更多的成功机遇。

　　每个人的思想深处都有内隐闭锁的一面，同时有希望获得他人的理解和信任的开放的一面。然而，开放又是双向的，既要他人向自己开放，自己也要向他人开放。正所谓"敞开心扉给人看"，对方感到你信任他时，他也会卸除猜疑、戒备心理，把你当作知心朋友，乐意向你诉说一切。发现一个开放的心灵，争取到一位用全部身心帮助自己的朋友。这就是用真诚换来真诚。

　　英国伦敦的一家报社曾经悬赏征文，要求应征者对"朋友"一词进行诠释。其中一个参赛者的解释就是："朋友就是——当所有人都离我而去时，仍然在我身边的那个人。"这个解释虽然看起来并不够典雅和严谨，可有谁能再给出一个更好的解释呢？

　　如果你在商场上突然遇到经济困难，或遇到出人意料的重大变故，或遇到别的不幸，正当万分焦急、手足无措时，突然有位朋友过来帮助你、支持你，让你力挽狂澜，有了喘息之机，甚至逢凶化吉，得以重新振作，这样的朋友难道不不宝贵吗？结交朋友是人生中非常重要的事情，决不是随便玩玩就可轻易为之的。有些涉世不深、刚跨入社会的人，因为结交了几个朋友，便开始觉得自己已高枕无忧。所以，便任由老朋友流失，却又不去交结新朋友，以至于最后朋友就越来越少。

有一次，一个人带着满腔热忱和喜悦去看望他的一位多年不见的老同学，没想到那位同学正忙着做他的生意，和他只不过是草草地敷衍了几句，便不冷不热地打发他回去了。之所以这么冷淡，是因为那人有一条坚定不移的原则："赚钱第一，友谊第二"。

也许这种人可以发点小财，但以牺牲友谊为代价，未免太不值得了。如果一个人只顾埋头苦干，只关心自己的事情，只顾独自经营，对于社会上的发展形势与经济动态漠不关心、置之不理，那么他实际上就已经走人了另外一个误区。

试想一下，这样的人，还会有谁愿意经常来看望他呢？长此以往，他和所有的朋友几乎都会断绝来往。这样，假如他有了什么祸患，遭遇什么不幸，要想求助于人，恐怕也不会有人来搭理他了，到那时他就是后悔也已经无济于事了。

没有朋友的人生是孤独的人生。无论在什么时候，朋友都是我们人生中一笔宝贵的财富。朋友就像一面镜子，既能指出你的优点，也能看出你的缺点。所以，有真心朋友的很少做错事，事业的道路自然也能走得更快更稳。

想交到真正的朋友，我们首先要正视的是：自己对朋友怎样，朋友也会怎样对你。俗语说的"人心换人心，将心比心"就是这个道理，所以，你要是希望别人关心你、体谅你，就必须先对别人付出一份真心，以自己的人格魅力去赢得朋友。因此，与朋友们交往一定要谨记：虚情假意害己害朋友，唯有真心最动人。

第四节　融入圈子　做有心人

在家靠父母，出门靠朋友。这是告诫年轻人"有圈子易成事"的另一种说法。

你生活在哪里并不重要，最要紧的是要把自己放在"圈"里。人际圈蕴含着巨大的能量。要想办事有手腕，就是要学会"与其临事求人，不如退而进'圈'"。

西方有一则著名的格言："重要要的不在于你储得什么，而在于你认识谁。"

什么样的人就会有什么样的朋友，希望成为什么样的人，就要跟什么样的人在一起。一个人不能独自生活，自己虽然可以过得不错，人也需要一些独处的时间，可是人终归是群居的动物，需要有朋友。人之所以会成功，就是因为有朋友帮助；人之所以会成长，就是因为吸收了别人的成功经验。

今天的你，你的个性、走向，你所处的地位，很大程度上是由你的生存环境决定的。将来的你，10 年、20 年以后的你，几乎完全取决于你未来的环境。

有人曾把富人与穷人的交际圈子做过比较，发现穷人喜欢走亲戚，于是穷人的圈子里大多是穷人。穷人虽然也有自己的智慧，但那更多是在生存的层面上，他们每天会谈论着打折商品，交流着节约技巧。虽然这有利于训练生存能力，但眼界也就渐渐囿于这样的琐事，而将雄心壮志消磨掉了。

在乞丐中做得最成功的最多就是一个乞丐王。穷人必须认识圈子的重要性，始终在穷人圈子里混，最终又能混出多大名堂呢？一个生活在穷人堆中的穷人，要想跃上富人的台阶，必须先从思想上超越自己和这个阶层。

在富人圈里，哪怕是富人的高尔夫球童天天与富人在一起，在交往中讨论更多的是如何赚钱，如何享受生活，所以他的思想中形成的也会有富人的思维模式。天天跟小鸡在一起，永远只是鸡；所以，小鸡要找鸵鸟交朋友才有提升；已经是鸵鸟了，就要找长颈鹿交朋友。

为什么领导的秘书最容易升官和被提拔？当官也有方法。想当股长就要经常跟科长在一起，要当科长就经常要跟处长在一起，要当处长就要经常跟厅（局）长在一起……在每个人的身上都会贴有不同的标签，并且在很大程度上，这种标签的背后就是一个圈子。

个人成长的过程包括与人接触。学习如何成功的最佳方法是与成功人士接触。观察他们，向他们请教。逐渐地，你会开始跟他们一样看问题。这句古语确实正确："毛色相同的鸟聚在一块。"

认识关键和重要的人物，当然首先要从各种渠道入手，而不是仅仅局限于你经常所接触的圈子，除非你本身已经是个很高端的人物。

人脉资源越丰富，财富的门路也就越多；人脉档次越高，财富和成功就可能来得越快、越多。这已经是有目共睹的不争事实。

人脉往往会在你意想不到的时候，提供你意想不到的一臂之力。但是"贵人"不会无端从天上掉下来，平时就要勤于耕耘，先有付出才有回报。

不得赏识的店员　有一次，拿破仑·希尔在一家商铺柜台前和一个年轻的店员聊天。年轻人告诉他，自己在这家店已经干了4年，但是店老板非常小气，他一直得不到赏识，所以正准备跳槽。在他们谈话时，一位顾客走进商店，说想看一些帽子的款式。没想到，店员对这名顾客置之不理，仍只顾着和拿破仑·希尔说话。直到他说完话，才转身对顾客说："这里不是帽子专柜。"

见此情景，拿破仑·希尔顿时明白了店员的处境。很明显，年轻店员其实一直有很好的机会，只是他不用心工作，没有把握好机会。因为顾客是他最重要的资源，但是他却主动放弃了。

类似的情况在生活中并不陌生。有的人在工作中常常抱怨，责怪同事不配合或领导不器重，却不肯反省自己的工作态度和专心程度。其实，一个人的成长往往与付出的心智密切相关，用什么心就成什么事，用多大的心就成多大的事。

在这样一个张扬个性的年代，缺少的不是激情，而是体味人生的那份细腻和观察生活的态度。试着去做一个有心人，去把握、去观察，细节往往衬托出很多的东西。

譬如，细致与耐心，温柔与善良，抑或文明与丑恶，不一样的举动都会折射出不一样的性情。有心者更能把握住生活中美好的东西，懂得如何抓住情感的脉络去理性地看待世界。

我们生活在一个偌大的社会里，需要用心去观察。那些冒冒失失、不顾忌别人感受的人，往往是不受欢迎的，而细致入微的人才是最受人欢迎、最受尊敬的，而这一类人大都是生活的有心人，他们懂得在满足自己需要的同时去帮助别人、安慰别人、鼓励别人，他们不会让家人担心，他们懂得如何赢得朋友。

用心做人，能换来真情。此心非"工于心计"的"心"，而是诚心、爱心、热心。"厚德载物"，为人讲诚信、用善心，是优秀的道德品质，也是立身做人的重要原则。人是有感情的，心里时时关心他人，多设身处地为他人着想，想方设法为朋友排忧解难，以真心待人，诚心做事，就能减少杂念，换来真心，而真情是人生最珍贵的财富。

西谚说："送人玫瑰，手留余香。"做一个生活的有心人，会使你的人脉更加高涨。

孙正义，一个身高不足一米六的亚洲男人，却被称为"数字时代的帝王"。或许他的名气比不上比尔·盖茨和雅虎的杨致远，但在互联网经济中的份额却远远超过了他们；他拥有亿万身价，财富位居世界前列，依然雄心勃勃，想拿下整个世界！孙正义更是一个脚踏实地的人，一个用激情、信念、个人魅力和慧眼缔造了一个神奇的网络帝国的人……雅虎、新浪、盛大、网易、阿里巴巴、当当网、携程网、淘宝网、博客中国、分众传媒……在众多互联网奇迹的背后，无不体现着他独特的投资智慧；杨致远、陈天桥、马云、方兴东……众多光鲜的 IT 弄潮儿，他们身边都留下了孙正义的身影并打下了软银公司的烙印。

为什么孙正义能有如此大的成功？这其中，人际关系的建立就是一个必不可少的重要因素之一，正是他广泛的、高层次的人脉网，促就了他成功人生的基础。在他的传记《飞得更高》中，他向人们讲述了有关他建立人际关系网的"7 步舞曲"：

第一步：首先明确自己为了什么，寻求什么样的人物？即"明确目的"。参加不同行业的交流会，研讨会、学习班会有很多收获。聚集了各种各样职业的人的交流会。能够扩大你的视野，拓展你的交际圈。同行的研讨会、学习班，能够加深知识，提高专业水平，还有可能找到生意的机会，或者得到产生生意机会的信息，还可能碰上被称为"师"的人物。有目的地参加研讨会，自己为了什么而寻求人物。

第二步：调查一下自己所寻求的人物哪儿有，即所谓"鱼群探知法"。"目的"明确的话，接下来就是寻找哪儿有这样的人物。"物以类聚，人以群分。"志趣相投的人，自然会聚集在一起。

第三步：主动地去那些自己想找的人可能出现的地方，即"布网捞鱼"。

第四步：从进入网中的人物中择出所寻找的人物，即单钩钓鱼。

第五步：积极地接近一流人物，努力打动他们的心，使其成为自己人。

第六步：和一流人物结成伙伴关系，充分利用这些伙伴的智慧和力量使自己的事业得到推进。对于第一次见面的人，只要对方能干，就会单刀直入地提议"一起干吧"，结成伙伴关系。

第七步：螺旋式地扩充自己的"关系网"。从结成伙伴关系的一流人物那里得到最有价值的信息，又通过这种信息，寻找另一个人物，螺旋式地扩充自己的"关系网"，以此蓄积起人、物、财、信息（价值）的财产。

第六章　开放行动　取得胜利的保障

　　人是自己行为的总和，行动最终体现了人的价值。行动力是实现一切的保障，只有行动才会有结果。行动不一样，结果才不一样。知道不去做，等于不知道，做了没有结果，等于没有做。只有养成行动的习惯，才能实现梦想，实现目标，实现诺言，改变命运。

第一节　做好准备　敢于行动

　　为什么有的人总能得到比别人更多的机遇？

　　为什么面对同样的机遇有人成功了有人却失败了？

　　为什么有些资质本来不好的人却能得到命运的垂青，而某些天资甚佳者却最终庸碌无为？

　　为什么成功者总显得比别人幸运？

　　这些问题的答案可归结为一句话，那就是：机遇只偏爱那些为了事业的成功做了最充分准备的人。

　　机遇是一种稀缺、条件苛刻的社会资源。要得到它，必须付出相当的代价和成本，必须具备相应的足够的资格，而这一切都离不开长期的艰苦的准备。换句话说，只有在"万事兼备"的情况下，东风才显得珍贵和富有价值。如果机遇可被个人轻而易举的得到，那么这种机遇便显得没有什么价值了。

外国流行这样一句话说：请再给我一次机会。其实，中国人也是十分注重机会的。然而，我们似乎容易忘记这样一个道理：机会不是固定的，不是僵硬的，更不是守株待兔就能等来的，而是人创造出来的。如果你没有准备，机会对于你就不是机会，机会就会与你擦肩而过。因此，与其哀叹命运不眷顾你，与其怨天尤人，不如做好准备，不如创造机会，不如主动地抓住机会。

机会只给准备好的人，这"准备"二字，也并非只是说说而已。

在生活中，我们发现成功人士之所以能够获得命运更多的青睐，能在机遇来临之时牢牢地掌握命运，就是因为他们较之常人进行了更为漫长和充分的准备。他们像一颗颗种子，在黑暗的泥土中积蓄营养和能量，一旦听到春风的呼唤，他们就会破土而出，生长成挺拔俊秀的栋梁之材。

伍迪·艾伦说过．许多人在生活中 90% 的时间都是抱着"混日子"的心态度过的。大多数人的生活层次只停留在：为吃饭而吃饭、为搭车而搭车、为工作而工作、为回家而回家。他们从一个地方逛到另一个地方，事情做完一件又一件，好像做了很多事，但却很少有时间从事自己真正想完成的目标。就这样，一直到老死。很多人只到临退休时，才发现自己虚度了大半生，剩余的日子又得在病痛中一点一点流逝。

人生的赢家与输家之间的距离，并不如大多数人想象的是一道巨大的鸿沟，其实差别只在一些小动作的准备上：每天花 5 分钟阅读、多打一个电话、适当时机的一个表示、在表演上多费一点心思、多做一些研究，或在实验室中多试验一次。

如果一个人能把所有精力都投入到经营自己的专长中去，必然会有所成就！

渥沦·哈特葛伦博士是一位博学多才的人。他在退休之前是一所大教堂的牧师。他曾经问过一位年轻人是否听说过南非树蛙，年轻人坦率地回答："不知道。"

博士诚恳地说："如果你想知道，你可以每天花5分钟的时间阅读相关资料，这样，5年内你就会成为最懂南非树蛙的人，你会成为这一领域中最具权威的人。"

年轻人当时不置可否，但他后来却常常想起博士的这番话，觉得这番话真的道出了许多人生哲理。

在实现理想时，你必须做些比较，看看明天有没有比今天更进步，哪怕有一点点。

脑子再多一点知识；

脸上再多一点微笑；

动作再敏捷一点；

事前再多准备一点；

细节再多注意一点；

沟通时再多一点亲切感；

再多培养一点创造力；

再多一点果断的决策力；

……

请记住：愚者错失机会，智者善抓机会，成功者创造机会。

在这个世界上，几乎没有人不想成功。可在这个世界上，有一种人永远不会成功，那就是有想法，却从来没有付诸实际行动的人。

伏尔泰有一句名言："人生来就是为了行动，就像火光总是向上腾。"

毫无疑问，几乎所有成功者都是敢于行动和善于行动的人。一个人在岸上读了一万本"游泳指导"，如果不下水，还是永远不会游泳。一个人的战略再完善，但是画的饼，永远不能用来真正充饥。

在实际生活中，许多人喜欢患得患失，希望有"万无一失"的把握、"完美无缺"的"方案"，然后才去行动。可是在这个世界上，有这样绝对化的事物存在吗？智者千虑，必有一失。我们永远无法通过策划和战略，将未来所有的风险都一一规避。因此，只有行动，才能让愿景变成现实；也只有在行动中，我们才能真正把握机会，推动命运的前进。

有句话说得好："心动不如行动！"

EDS 是美国一家著名的信息技术公司，成立于 1962 年。曾有一名记者采访 EDS 公司的创办者罗斯·佩洛："你们公司成功的秘诀是什么？"

罗斯·佩洛回答得很有意思："预备！发射！瞄准！"

记者有些不解，因为按照常规，应该是预备、瞄准、发射。但这确实就是 EDS 公司的经营宗旨，也正是这一打破常规思维的宗旨使得 EDS 公司能够有突飞猛进的发展，从一家投资不过 1 万美元的公司成为目前年营业额超过 200 亿美元、员工过 10 万的跨国公司，并且能让"平凡无奇的人创造出超乎想象的成果"（该公司现总裁杰夫·海勒语）。

罗斯·佩洛的解释是："我们从来不等有了方法再行动，而是在行动中寻求方法，在行动中瞄准。如果射偏了，没关系，纠正它，再发射。重要的是发射，是行动！"

为什么很多聪明人没有成功？

MTV 中国区总裁李亦非素以干练、高效、勤奋的形象著称。有一次，别人问她为什么能够成功。李亦非表示：

"在我周围有很多聪明的人，但他们却没有成功，这是因为他们从 20 岁到 30 岁甚至一生都在讨论一个话题——实际上却没有努力去干什么。所以我认为不管怎样，要认定一个目标扑上去，做得不好可以放弃再来，最重要的是行动。很多人会对自己说，我不可能达到那个目标。其实只要自己努力了，很多事情会完全不同，如果不去尝试，机会只能是零；只要努力了，就会有50%的成功机会。重要的是跟自己说可以，然后去努力。我从来不会跟自己说不。"

我们经常会在身边听到许多借口："我没有一个有钱的爸爸，所以我那么穷困"、"我一直没有成功，因为运气一直不好"、"我没有找到好工作，因为企业太过功利"、"名牌生怎么会不被重用？因为领导戴着有色眼镜"……

但是，我们必须清楚：找借口是世界上最容易办到的事情之一，一推了之很轻松，可这能改变事实吗？麻醉剂可以减少手术的痛苦，但能掩盖你生病和动手术的事实吗？

耶鲁大学管理学院金融经济学教授陈志武谈到"国家开放"所遇到的行动阻力时说："我在美国生活21年，越来越发现，人的本质都是一样的，人都有自己的利益诉求，都受到利益的驱动。美国人也不喜欢什么事都到法院里去，但他们知道这是没办法的。我们不能以'国情'为借口来拒绝其他国家的经验和知识。"

许多人之所以不敢行动，之所以会有很多不行动的借口，并不是因为不知道行动的重要性，而多半是出于心态上的患得患失、精神意志上的畏惧困难。这正是最常见的两种不敢行动的"心理病"。

1. 心态上的患得患失

美国纽约州立大学生物科学系博士常兆华，曾前后出任美国两家纳斯达克上市公司的副总裁，后来还创立了微创医疗器械有限公司。他曾讲过这样一段经历：

"我在国外曾遇到过许许多多的留学生，不少人都表达过回国创业的强烈欲望。几年之后，我再次遇到同样的人，他们除了头上多了几根白发，脸上多了几道皱纹之外，没有其他的变化，还是向我重复着要回国来创业的话题。几年之后，我又在国外遇见他们，这时，我在中国的公司已经创立八九年，高管团队已经换了七八次，他们同样还是在重复着老话题，只是此时的老生常谈，多少有点像祥林嫂的口头语了。我的直觉告诉我，这些才华横溢的同胞首先输在患得患失上。他们讨论的时间越长，回国创业的可能性就越小，最后将不得不受害于与亲朋好友无休止的商量和探讨中。"

富兰克林·罗斯福有句名言："我们唯一不得不害怕的就是害怕本身。"

很多人渴望成功，却害怕行动失败的后果，或者说害怕付出过多的代价，不愿付出超常的努力，结果最终却总是在患得患失中随波逐流，成功的渴望也将永远只是一种渴望。

中咨律师事务所上海分所负责人夏善晨下海创业时，就说曾听到一位90多岁的老同志激动人心的鼓励："得失、得失，有失才有得。"

直面忧虑，而不是患得患失　1993 年，在世行工作了 8 年的吴尚志强烈感觉："人生的前景好像清晰可见，在美国已经有了一个房子和两部车子了，无非以后换一个大点的房子和好一点的车子。"

吴尚志很希望回到中国，创建一个中国的 PE。他认为基金管理者不像企业家那样承担大风险，成功后的回报却不亚于投行，而自己有投资方面的经验、阅历、知识，性格也很适合做基金——他是一个很理性、"中庸"的人，没有创业家的激情和冒险性格，而这正是一条介于做企业家和做打工者之间的道路。

不过，当吴尚志跟妻子商量这件事的时候，妻子并不同意。那时，他们的大儿子 10 岁，小女儿刚刚 3 岁，在美国出生长大，回到中国习惯么？吴尚志也在犹豫，但他不愿意陷入患得患失却没有行动的状态之中，于是，夫妻之间定了一个五年协定：他可以回国做基金，只有

5 年期限，不行的话立刻回美国。

正是因为吴尚志的不患得患失，使他的人生开始了最辉煌的篇章。他创办了中金直投部，后来创建了在中国 PE 业举足轻重的鼎晖创投公司，成就投资分众传媒、蒙牛乳业、李宁服装、南孚电池、双汇食品等众多经典案例。

SMC 中国总经理赵彤曾总结自己的人生，最大的感悟就是不要患得患失："我在北京念初中时，没想到会下乡插队；在黑土地干农活时，没想到能上大学；上大学时，没想到能念研究生；研究生毕业后，没想到能出国留学；37 岁被破格提升为教授后，没想到又下海出任外资企业总经理……很多事情虽不是刻意去追求，但我想说的是，每一个人在一生中都会遇到各种各样的机会，机会到来之前要主动创造条件；机会到来之时要紧紧抓住它，不管周围环境如何，不管别人怎么评说，首先要相信自己。人生要有目标，凡事要竭尽全力、脚踏实地，只要自己努力了，将来就不会后悔。"

2. 精神意志上的畏惧困难

天津大学校长龚克曾这样批评一些留学生回国畏惧困难的现象："有一些留学生满怀热情回来，但是由于种种原因，没能预想的那么顺利，可能会感到沮丧、灰心，甚至后悔。有的人也许会想'如果不回国，或许会有更大的作为'。我想这些都是不理性的，因为不管走到哪里，都会遇到各种各样的困难，不能战胜困难的人，在哪里都不会真正成功。"

曾担任过 UT 斯达康公司总裁和 Google 大中华区联合总裁的周韶宁如此评述成功："世界上有两种人，假设大家智慧都差不多：一种是看到一件事会思考分析，再思考再分析，最后觉得看不准，放弃；第二种是想做，第二天就做了，也不知道里面有多少艰苦，但坚持下去了。往往成功的人都是后者，因为只有做的过程中才知道怎么做。"

解决问题的办法永远比困难多 1997 年，UT 斯达康的创始人陆弘亮和吴鹰邀请周韶宁回国加入他们的团队，管理他们在杭州的工厂。已经 16 年没有回国的周韶宁什么条件都没谈，就告别了美国舒适的生活环境，在杭州那个没有暖气与满地蟑螂的工厂里，开始了他的海归之路。

2000 年，小灵通业务刚见起色，但政策的不明朗令资本市场对 UT 斯达康的股票态度始终暧昧。当时公司内部，不乏人认为放弃小灵通另谋出路或许更好。但周韶宁在公司大会上却坚持："大家一定要坚持下去，3 年后我们一定会有 3000 万的用户。"

会喊口号的人很多，而周韶宁是个用行动来做口号的人。他将自己的工作风格比喻为"上蹦下跳"。在他看来，一个人必须敢于行动，蔑视困难，才可能实现目标："必须相信，解决问题的办法永远比困难多。"

在行动之前，事实上，每个人都会盘算成功和失败的可能性，不然行动就可能非常莽撞。但如果我们不能把握一个尺度、一个分寸、一个火候，没有学会不能因噎废食，就会如古人所说："一鼓作气，再而衰，三而竭。"许多人在现实生活中，就是因为过分求全责备，过于追求"万无一失"，结果不是时机被耽搁，就是自己吓死自己。

很多人之所以最终没有成功，不是因为没有计划，而是过分迷信计划，忽略执行，最终成为教条主义和书本主义。

人的一生，总有种种的憧憬、理想、计划，总会进行各种沙盘兵棋推演。但是，有憧憬而不去抓住，有理想而不去实现，有计划而不去执行，没有任何行动，一切方案都是废纸一张，一切希望都是幻想一场。甚至可能是：你计划越多、策划越多、思考越多，意味着投入的智慧和时间成本越多，同时也"白用功"和"亏本"越多。计划永远跟不上变化，重要的是到了一定的阶段，你就必须开始行动，并且要快捷和及时。

第二节　摆脱惰性　从不拖延

牛顿第一定律说，物体具有保持原来运动状态的性质，即惯性。人也是一样，具有凡事随大流的倾向，即惰性。

对此，有这样一个笑话：

船长的劝说　据说一场多边国际贸易洽谈会正在一艘游船上进行。突然，游船发生了意外事故，开始下沉。这时，船长命令大副紧急安排各国谈判代表穿上救生衣离船，可是大副的劝说均遭失败。船长只得亲自出马，他很快就说服了大家，让各国的商人弃船而去了。大副对此惊诧不已。

船长对大副解释说："劝说其实很简单。我告诉酷爱运动的 A 国人，跳水是健康的运动；告诉纪律严明的 B 国人，不那样做是被禁止的；告诉等级森严 C 国人，那是命令；告诉崇尚时尚的 D 国人，那样做很时髦；告诉喜欢创新的 E 国人，那是革命；告诉看重人权和利益的 F 国人，我已经给他上了保险；告诉盲从的 G 国人，你看大家都跳水了。"

这个笑话虽然有些夸张，但却明确地指出了 G 国人性格中的缺点——盲从。

盲从就是因为自己懒于思考，没有自己的主见，容易被别人左右，所以处事就会变得敷衍。这种现象所带来的后遗症就是社会的落后和人民的媚外，因为盲从会让你没有分析善恶的能力，没有表达喜好的勇气。

一味接受别人的好恶，是无知的表现、是从众心理，就是对自己的不自信。国际著名的投资家、量子基金创始人之一吉姆·罗杰斯曾说："我总是发现自己埋头苦读很有用处。我发现，如果我只按照自己所理解的行事，既容易又有利可图，而不是要别人告诉我该怎么做。"他说："我可以保证，市场永远是错的。必须独立思考，必须抛开羊群心理。"

每个人都必须找到自己成功的方式，这种方式不是政府所引导的，也不是任何咨询机构所能提供的，必须自己去寻找。世上的许多人，因害怕失败而灰心丧气，结果无法实现理想，成为不可救药的失败者。事实上，这些人与其说是害怕失败本身，不如说是害怕因失败遭受世人的批评。多数人因过于害怕世人的批评，特别是亲朋好友、传播媒体等的影响，无法过自己想要的人生，他们一辈子都在扮演别人希望的角色。

活着，不是活在别人的目光里，也不是活在别人的评论中。活着，是为自己的精彩而活着，是为自己的蓝图而活着。为了我们自己的精彩，我们必须勇敢地成为我们自己。要勇敢地成为自己，我们就不必特别在意别人的想法。别人的想法与我们并无多大关系，那只是他们心境的反映，并不代表我们的意图和态度。

对于一个处于现代开放社会的奋斗者来说，要想走向成功就必须抛弃这种思维的依赖，坚持独立自主地思考。按照他人期望的模式生活，牺牲真正的自我，才是天底下最愚蠢的事情。

盲从别人，必定会使我们失去自我。表面上看起来这只是个人的性格问题，其实它可能使我们的生活和事业套上无形的枷锁。在这种情形下，我们早已失去了自信心，失去了用自己的头脑思索问题并做出人生抉择的能力。

当自己感觉"无所谓"、想依从别人的意见时，要记得提醒自己。一定要把自己的选择展现出来。甚至在自己不是很在乎或不是很确定时，也要正确地表达出自己的想法。要让"无所谓"这个词从自己的字典里消失。也就是说，要设法让自己潜意识里的"我感觉，我想要"体现出来，不要被动，不要从众，避免盲目听从父母、老师、名人……告诉自己，当认为必须说"No"的时候，千万不要说"Yes"。从小事到大事，如果都能做到听从自己的意愿，日子久了，自然会养成积极主动的习惯。

要记住：我们每个人的脑袋都是用来思考的，而不是用来戴帽子的！

懒惰之人有一个重要特征就是拖沓，将前天该完成的事情拖延敷衍到后天。

托马斯·爱迪生曾说："世界上最重要的东西就是时间，拖延时间就是浪费生命。"

许多人都有缺乏时间效率的拖延习惯，譬如"我刚刚读中学，离毕业还有几年，先玩一年再说"、"再过一天再做吧，事情太多了，我需要休息下"……这是我们经常听到的话。其实有些人说这些话的时候，也许正处在忙碌的状态，但这种忙碌并不是因为别的什么原因，而是因为此前他做了太多无关紧要的事。当一个人让"办事拖拉"成为自己习以为常的方式时，通常都是各方面响起警报的时刻。对于整个人生来说，一拖再拖，结果当然就是一事无成。

快就是胜利　江南春毕业于华东师大中文系，读大三时就涉足广告代理业并创立了永怡广告公司。2003 年，在广告行业摸爬滚打 10 多年的江南春深感传统媒介代理行业扎堆竞争的惨烈，决定另辟蹊径，走"分众"之路，打起了楼宇电视广告的主意——在电梯里安上液晶电视屏。结果这个不起眼的生意竟然得到了热烈追捧，他很快得到了来自软银中国第一笔50万美元投资，但同时竞争者也出现了——风头最劲的是同在上海的聚众传媒，做的是一模一样的生意。

这场针锋相对的战争，最终以分众传媒收购聚众传媒而告终。而江南春在竞争中取胜的法宝很简单，只有一个字——"快"。这个"在电梯里或楼道里安几块电视广告屏"的商业模式，毫无技术性可言，拼的就是谁的速度快谁就能赢。2004年4月参与联合投资分众传媒1250万美元的红杉中国基金创始合伙人张帆评论说："因为行业竞争壁垒不是很高，聚众在追赶你，其他企业随时可以加进来，只有往前冲，才能把这个做好，所以我们后来就给他制订非常严格的、细化到每周每日的销售目标。"

2005年7月，分众传媒还以最快速度登陆美国纳斯达克股市，成为海外上市的中国广告传媒第一股。依靠抢先上市和融资带来的资金优势，分众传媒最终在与聚众传媒的合并中占据优势——他们去收购对手而非被收购，最终成了楼宇广告中无可撼动的巨无霸。

王经理失去的上午 有一天，王经理准备到办公室着手草拟下一年度的部门工作计划。

他9点整走进办公室，突然想到不如先将办公室整理一下，以便在进行重要的工作之前为自己提供一个干净又舒适的环境。他总共花了30分钟的时间，他的办公环境很快就变得干干净净，于是他面露得意之色，随手点了一支香烟，稍作休息。此时，他无意中发现一本杂志上的彩色图片十分吸引人，便情不自禁地拿起来翻阅。

等他把杂志放回架上，已经10点钟了。这时他虽略感时间流逝带来的不自在，不过转念一想，欣赏欣赏也是一种生活的调节呀，他又稍觉心安。接着，他静下心来准备埋头工作。

　　就在这个时候，他的手机响了，是他女朋友来的电话。于是他又和她在电话里聊了一阵，他感到精神不错，满以为可以开始致力于工作了。可是，一看表，已经 10 点 45 了！距离 11 点的午餐只剩下 15 分钟。他想：反正这么短的时间内也办不了什么事，不如干脆把计划留到下午算了。

　　一个人一生的时间是有限的，而且每天要完成的工作又很多，这就要求我们必须学会善待时间，学会抓住时间，充分利用时间，合理地安排工作日程。善待时间就是善待生命。凡是试图走向成功、改变命运的人，都应该从善待时间开始，踏踏实实地做好每一件事。

　　我们平时最经常说到或听到的一句话是："我很忙。"其实，在"忙"得心力交瘁的时候，我们应该考虑一下这种"忙"的必要性和有效性，是真"忙"还是懒惰？

　　生活中有许多重要的事情，不是没有想到，而是没有立刻去做。事过境迁，渐渐地淡忘了。究其原因也许是忙，但更多的是懒惰。懒惰如同一种毒素，一旦注入我们的心灵，就会疯狂地滋长，毁掉我们的人生。

　　拖延是迈向学习成功之路的绊脚石。人们总是想得出各种理由，明知该如何才能学习优异，却不肯采取行动。不是说环境太差，就是没有心情，或是有更重要的事。

　　拖延就是时间和生命的窃贼。你大可凡事拖延，但时间却不会等你。一个求职者在填写应聘书时，在工作的种类上犹豫起来。于是他准备回家考虑一下再做决定。第二天他又去了这家公司。可是这家公司的人事部负责人俯身对他说："对不起，下一次再说吧！"就这样，这位求职者在犹豫中失去了一次很好的工作机会。

　　拖延会让你变成一个厌倦生活的人。现实生活中，很多人总感到一种无聊和厌倦。这在很大程度上是因为他们未能积极有效地利用自己现在的时间。虚度光阴、无所事事，这样的生活状态必然会让人感到厌倦。拖延只会让你走入深渊，对时间的拖延导致你现在依然处于最底层，你羡慕那些成功的人，他们的生活丰富多彩，到处旅游享受天下美食。而你自己不知道，其实你也可以像那些成功的人一样，但是你被拖延所连累。你厌倦生活，你抱怨客观环境令人讨厌。例如："这个工作太麻烦了"或是"这个城市我真是待烦了"等等。对生活的厌倦，会令你很熟练地拖延时间，无底的深渊将是你的归宿。

拖延给幻想者留下惆怅，等得越久情况就越糟糕。就像有一个年轻小伙子一直暗恋着一个女孩，他一直没有大胆地采取行动，他一直在等待着，等待着有一个好的机会，再向她表白。时间就这样一天天流逝，不知不觉地两年过去了……

直到那位女孩子成为他人之妻，他才幡然醒悟，但为时已晚，留给他的只有无尽的哀叹……

拖延的习惯，可以把自己拖垮；拖延的习惯，只能让别人领先。处于拖延状态的人，常常陷于一种恶性循环之中，这种恶性循环就是"拖延——低效率——情绪困扰——失败"。拖延的下场就是，日复一日，年复一年，终究一事无成。即使一个人认为自己可以变得富有，也下定了决心要改变，但拖延会让他的一切计划付诸流水。

终结拖延的最有效的方法是，给自己确定时间期限，先做喜欢的事情，保持对不喜欢的事的期待！

第三节　把握机遇　及时行动

没有及时行动造成的遗憾　2001 年，互联网经济低迷，搜狐股价
降到 1 美元以下，做互联网企业的人个个灰头土脸，以为世界末日到
来。而信中利投资公司的总裁汪潮涌迅速与合作伙伴逆流而上，从高
盛、英特尔手中收购大量搜狐股票。后来寒流过去，搜狐股价大涨，
汪潮涌得到了不亚于搜狐早期 VC 的投资回报，这正是汪潮涌投资的
得意手笔之一。对此，他总结：这次之所以能够当机立断，是因为过
去有过没有及时行动而错失良机的教训。

1998 年，正值搜狐公司融资最困难的时刻，张朝阳先后跑了美国
五趟，才找到 20 多万美金。张朝阳和汪潮涌也是熟人，一起吃饭的时
候，汪潮涌已经决定，"我个人可以给你投资 30 万美金。"但是，后
来跟汪潮涌一起准备投资的合作伙伴，出于谈判压价等原因故意拖延。
结果，急缺资金的搜狐选择了英特尔和 IDG 融资。这也成为汪潮涌投
资生涯当中一大遗憾，因为当时如果投入 30 万美金，就大约能得到搜
狐股份的 5%，而等到搜狐上市退出，这 30 万美金可以变成上千万
美金。

希腊哲学家苏格拉底认为："最有希望的成功者，并不是才干出
众的人，而是那些最善于利用每一时机去发掘开拓的人。"

把握机遇，就是及时行动。

几千年前，韩信灭齐之后，威名和人气达到巅峰，手握强大的军
队，并且处在坐观刘、项交战的"渔翁"位置上。谋士蒯通劝他自
立，曾如此说道："夫功者，难成而易败；时者，难得而易失也。时
乎，时不再来！"韩信不听。若干年后，君逼臣反，刘邦夫妇和萧何

设下圈套谋杀韩信。这就是著名的成语"机不可失，时不再来"的来源。

把握机遇，关键在于在做好准备的基础上善于审时度势。

时机不到致使"改革"失败 现任中国安永华明会计师事务所董事长的葛明，1995 年从香港调回北京担任中华会计师事务所总经理。当时，该所希望在改革的"春天"，借鉴西方企业管理制度，有所"改革"，迎来跨越式的发展，而具有国际视野和海外工作经验的葛明可谓众望所归。但是，当葛明按大家的期望进行大刀阔斧的改革时，却遭到了许多人的抵触，用他自己的话来形容："我几乎一夜之间从众望所归变成了众矢之的。"

事实上，葛明的改革、方向、理念、措施都没有错，他也没有忘记结合中国的国情，但问题出在时机未到，所以他把握的其实不是机遇："许多今天看来非常正确的主张，当初都遭到非常多的争议，许多矛盾随着时间的推移，也都会迎刃而解。但你所能做的，只能是耐心地等待。"

古人云：时也，势也，命也。

什么是时？什么是势？它就是我们行动的方向。

宏观层面的时势，就是时代、社会、国家的发展趋势；其次是市场、行业的演变发展；再次是人生大阶段发展的方向、周围环境的变化；最微观的则如你个人行动把握的分寸与火候。审时度势，就是要能看到时代的趋势、政策的方向、市场的空白、行业的热点，然后抓住个人发展的机遇。

许多成功者都把树立正确的方向当作行动的根本要素。譬如西门子公司，每个部门都有 GM 和 CM，都没有一个绝对的领导，最高的领导旁边永远有个监督者，如果 CM 不同意，GM 就没有办法实施任何决定，哪怕是很好的决定。西门子中国有限公司副总裁王春岩如此解释说："我们在非常快的发展当中，面临对非常强的竞争对手，大家都认为我们的这种做法很浪费时间，认为很官僚。这种做法有时候是很浪费时间很官僚，但是你知道，如果你跑路跑错方向的话，跑得越快，效果越差。"

当然，称得上善于把握行动方向者，通常也都是善于高瞻远瞩和审时度势的人。

百度创始人李彦宏将自己的创业心得归纳为 7 招，其中第一招就是"向前看两年"：

第 1 招：向前看两年；

第 2 招：少许诺，多兑现；

第 3 招：不需要钱的时候借钱；

第 4 招：分散客户；

第 5 招：不要过早地追求赢利；

第 6 招：专注自己的领域；

第 7 招：保持激情。

把握方向和机遇，首先就要学会把握时代和国家发展的趋势。

个人的力量与时代大潮无法抗拒，把握不了时代的脉搏，我们就根本无法判断未来的方向，这也是所有创业者和企业家都不可不借的东风。

搜狐的董事长张朝阳就说："成功的市场策划不一定需要很多钱，而是要抓住时代特色。"

搜狐、新浪等几大门户网的崛起，正是借 20 世纪末中国互联网经济大潮的东风，而早期最著名的门户网公司瀛海威之所以走向失败，就是因为东风未来，火候不到，成为"先烈"。瀛海威的创始人张树新总结说，自己是"在错误的时间、错误的地点做了一件正确的事"。

亚信公司的发展是另外一个例子。

把互联网带到中国 亚信公司是中国第一家在美国纳斯达克成功上市的高科技企业，创始人田溯宁和丁健。田溯宁还曾担任过中国网通的总裁，他之所以创建亚信，得归功于美国大选的启发；而企业获得迅速发展的机会，也得益于时代发展的趋势。

1992 年，田溯宁即将获得美国德州理工大学博士学位时，声势浩大的美国总统大选开始了。后来成为总统的克林顿在竞选时提出一个计划："美国国家信息高速公路计划"。当时，美国经济发展几乎处于停滞状态，克林顿声称，只要把握住这一次信息技术革命的机会，美国经济将继续领跑世界 50 年以上。

这句话不但打动了美国选民，也同样打动了田溯宁。他意识到这是个机遇，他相信信息技术能改变美国，也一样能改变中国。当时的中国，根本还没有互联网，还在使用最原始的办法处理信息——剪报纸、录入信息，再将信息通过中国科技情报所的一条互联网专线以 FTP 的形式传到美国，而从美国传来的信息到国内也只能通过邮寄的方式进行分发。这是一个巨大的空白市场，一个巨大的机会。

于是，田溯宁和丁健创建了亚信公司，并且回国发展——他们当时的口号是"把互联网带回家"。随后，技术和观念领先的亚信承建了 chinaNet 骨干网 30 个省市的节点建设，这是中国第一个以 TCP/TP 互联技术覆盖全国所有省份的大型数据通信网络，以至于当时《华尔街》记者发出惊呼："中国大约 70% 的互联网信息是在亚信建设的网络上传输。"亚信的发展也几乎一日千里。

对未来社会及市场行业的预见和洞察力，是一个杰出企业家必不可少的能力。美国有线电视广播公司（CNN）总裁特纳就是因为预见了全球范围对有线电视新闻频道的需求，由此创造了 CNN 有线电视并以其覆盖全球。"麦当劳"连锁店的总裁李克拉克则是因为预见到快餐业将成为未来餐饮业的新增长点，"麦当劳"才会走到今天。至于微软公司总裁比尔·盖茨对电脑软件的天才性战略预测和发展，则更是一段佳话。

看大势挣大钱　中国 BPO 商务流程外包基地总经理陈新凯认为：一个人创业，一定要对自己所从事的行业发展趋势及前景评估准确，这一点非常重要；尽管每个人的条件差别很大，你也许实力雄厚，但如果所从事的行业没有发展前景和空间，最好别急于动手创业。而在一个发展潜力大的环境，即使你条件不算太好，也还是容易取得成功的。

陈新凯最初创业时，曾卖过法国香水。当时，资金、市场、经验、团队全无，但他认定这样一个独特优势：法国香水在当时中国市场不多，而法国又是有名的时尚浪漫国度，必然会很有市场前景。结果不到一年，他的企业就成为当地市场上法国香水销量非常有业绩的公司。

把握机遇，往往需要天时（符合时代发展趋势）、地利（符合行业发展趋势）、人和（个人和团队有充足的实力）合一，才能进而取得跨越性的成功。这就如同烹饪一样，火候太足与不够，菜都不会可口。行动也一样，盐多则咸，盐少则淡，审时度势，把握住了机遇，就要及时行动。

第四节　专注目标　高效行动

生命最重要的事情是什么？如果我们问一个正在饥饿边缘的人，他的答案一定是"食物"；如果我们问一个快要冻死的人，答案一定是"温暖";如果我们问一个寂寞孤独的人,那答案可能是"他人陪伴"。然而,当这些基本需求都获得满足后,是否还有些东西是每个人都需要的呢?托尔斯泰写过这样一个小寓言:

国王的哲学问题

有一个国王每天都在思考三个最终极的哲学问题:在这个世界上,什么人最重要?什么事最重要?什么时间做事最重要?

就这三个问题,举朝大臣,没人能够回答得出来。他很苦闷。

后来有一天,国王出去微服私访,走到一个很偏远的地方,投宿到一个陌生的老汉家。

半夜里,他被一阵喧闹声惊醒,发现一个浑身是血的人闯进老汉家。

那个人说,后面有人追我。老汉说:那你就在我这避一避吧。就把他藏了起来。

国王吓得不敢睡,一会儿看见追兵来了。追兵问老汉:有没有看到一个人跑过来?老头说,不知道,我家里没别人。

后来追兵走了,那个被追捕的人说了一些感激的话也走了。老汉关上门继续睡觉。

第二天,国王问老汉说,你为什么敢收留那个人?你就不怕惹祸上身?而且你就那么放他走了,你怎么不问他是谁呢?

老汉淡淡地跟他说:在这个世界上,最重要的人就是眼下需要你帮助的人,最重要的事就是马上去做,最重要的时间就是当下,一点不能拖延。

那个国王恍然大悟,他那个久思不解的哲学问题,一下都解决了……

当今社会是一个开放的社会,人应该拥有多元爱好,学做多元事,成多元才。但是，一个人只有两只手，一天只有 24 小时。一个人能同时把握的事情实在太有限，所以，在具体行动中就不能三心二意，而应该分清主次急缓，持续专注于最重要的目标、最有效能的事务。

甲同事的郁闷事儿 某单位有甲乙两位同事，甲同事勤勤恳恳，做实事，干累活，哪里有难题哪里就有他，到处解决问题，疲于奔命。乙同事似乎没有干什么活，也没做出什么大的成绩，有时是在做一些无关紧要的事，甚至东串西串，讨好领导。可到头来，乙的评价反而高于甲，甲很不服气。

经过分析发现，原来，甲每天所做的事情就类似于一个消防员，到处救火，每天都是忙忙碌碌，这不仅使得他每日心力交瘁，却又不见得有很好的效果，从而形成了一波不平一波又起的恶性循环。乙同事则不是这样，而是把更多时间和精力放在了最重要的几件事上，比如充分沟通，建立人脉，防患未然等，这样一来他所碰到的问题就很少了。

由此看来，一个人是否有成绩并不是看他是不是在忙碌，而应看他最终做事的效果。不要总抱怨别人为什么啥都不会、啥也没干，却拿到的奖金比自己还多。因为你做事的时候没有掌握好要事第一的原则！做事要抓住根本。否则，舍本逐末，问题就会永远也得不到根本解决。做事要掌握一定的工作技巧，要善于区别轻重缓急，把握主次矛盾。如果甲当时明白这个道理，也许他就不会不服气了。

做事没有主次，不但会失去今天，还会失去未来。

把画钉在墙上 有一次，一位朋友要在客厅里挂一幅画，请邻居来帮忙。画已经在墙上扶好，正准备砸钉子，邻居说："这样不好，最好钉两个木块，把画挂上面。"朋友遵从了他这个邻居的意见，让他帮着去找木块。

　　木块很快找来了，正要打，邻居看了看，又说道："等一等，木块有点大，最好能据掉点。"于是朋友便四处去找锯子。找来锯子，还没有锯两下，"不行，这锯子太钝了，"邻居嘟哝着说，"这得磨一磨。"于是，回家回家拿了一把锉刀。

　　锉刀拿来了，邻居又发现锉刀没有把柄。为了给锉刀安把柄，邻居又去校园边上一个灌木丛里寻找小树。正在要砍下小树时，这位邻居又发现那把生满锈的斧头实在是不能用，邻居便找来了磨刀石，可为固定住磨刀石，必须制作几根固定磨刀石的木条。为此邻居又到校外去找一位木匠，说木匠家有现成的。

　　然而，这一走，邻居就再也没见回来。而那幅画，朋友也只好一个人动手钉上了墙。可当下午出门的时候，却发现邻居正在帮木匠从五金商店里往外架一台笨重的电据。

　　工作和生活中有好多种走不回来的人。他们认为要做好这一件事，必须得去做前一件事，要做好前一件事，必须得去做更前面的一件事。他们逆流而上，寻根探底，直至把那原始的目的淡忘得一于二净。这种人看似忙忙碌碌，一副辛苦的样子。其实，他们不知道自己在忙什么。起初，也许还知道，然而一旦忙开了，还真的不知忙什么了。

　　遍布全美的都市服务公司创始人亨利·杜赫提说过：人有两种能力是千金难求的无价之宝，一是思考能力，二是分清事情的轻重缓急并妥当处理的能力。

　　在实际工作中，做事情就要学会抓住根本。否则，舍本逐末，问题永远也不会得到根本解决。

　　歌德曾有句名言："一个人不能同时骑两匹马，必须骑上这匹，就要丢掉那匹。聪明人会把凡是分散精力的要求置之度外，只专心致志地去学一门——学一门就要把它学好。"

"持续专注"，就是把行动力坚持和专心在主要目标和主要行动上，这包括两个方面：——对于主要的目标专心致志，并且敢于在困境中坚持，善于在顺境中专注；——对于次要的、不必要的行动目标和事务，果断地放弃。

这同样是经营企业的智慧。对于许多企业来说，解决财务危机方法就是专注那些能够盈利的核心项目，关闭亏钱的项目。而在企业发展顺利之时，也同样需要避免在无关紧要的业务上四面出击，而要把主要精力专注于核心项目上。

联办的经营方针：坚持"四项基本原则"不动摇。

作为中国证券市场的建立者之一的王波明，在中国金融市场上可谓标志性人物。他的联办有一个"四项基本原则"，其中一条就是："长期行为，踏踏实实做一件事，构建一个百年老店"。据说，就是因为坚持这一"原则"，他曾拒绝过几次机会不错的收购。

第一次收购是香港中策投资的黄宏年想买联办的和讯，代价是一家香港上市公司的一亿股股票。这家公司就是后来赫赫有名的盈科动力，据说当时李泽楷也刚刚进入那家企业。然而，王波明考虑到这种投机性的东西和联办的长期行为理念不符合——拒绝。第二次收购是在2000年，软银打算收购联办在香港的媒体公司财讯，出价20个亿。联办的领导者们因为"方向"的不一致，再次拒绝。

其实，当时财讯也许不值20个亿，但王波明内心非常平和，因为他和战友的目标是将企业长期做下去，使之基业长青。要做到这一点，就必须老老实实地持续专注地经营，而不管"其他"无关主要方向的诱惑。今天，财讯已成为中国最大的财经媒体集团。

苏轼有句名言："古之立大事者，不惟有超世之才，亦必有坚忍不拔之志。"而曾国藩也认为："士人第一要有志，第二要有识，第三要有恒。"

易凯资本有限公司的 CEO 王冉就认为："通常一个人只能做好一件事，一定要选择自己具有相对竞争优势的事情去做。"

谷歌中国总裁李开复则说："我学到的一个很大教训，是当一个公司开始不能专注主业，太贪心地扩张很多业务的时候，反而把他宝贵的东西稀释了，也就是经理人的注意力。也许 CEO 都很能干，但他每天要把 60%、70% 的精力都花费在理解那些自己不熟悉的新业务上的时候，反而只会把他的主业给荒废了。"

要事第一，就是要把时间花在最有效能的行动上。

关于这个原则，有个著名的 80/20 法则：人类各种行为的原因和结果、投入和产出、努力和报酬之间存在着无法解释的不平衡，80% 的大多数事情，只能起 20% 的作用和影响，而 20% 的少数事件却能造成将近 80% 的影响。换言之，结果、产出或报酬的 80% 往往取决于 20% 的原因、投入或努力。

博恩·崔西是美国最具影响力的成功学讲师之一。比尔·盖茨、巴菲特、迈克尔·戴尔等著名商业骄子都曾听过他的演讲。他曾在 43 个国家举行演讲，足迹遍布 92 个国家。他说自己在 20 多岁时看到一句话后，差点从椅子上掉了下来，也因为这句话，他改变了自己对成功的看法。这句话就是："人是一种善于排列优先顺序的动物。"

他后来还解释说："平庸的人往往把那些容易的事情放在最前面，而优秀的人则把那些最重要的、最能带来价值的事情放在前面。所以我们经常看到两个人可能同样忙碌，但因为对事情排列的顺序不同，所以达到的成就也就大不一样，这就是事情的区别。"

专注于要事的行动上　现德克萨斯太平洋集团合伙人、前 TOM 集团总裁王兟是有名的金牌职业经理人，早年在麦肯锡、高盛银行等著名企业任过职，他的工作风格就是持续专注于要事上。1993年，身在高盛银行的他力主投资深圳平安保险，他看好这个公司的前景：美国3亿人有数千家保险公司，而中国12亿人口却只有8家保险公司，其中平安保险综合实力较好，创始人马明哲是个不可多得的商业奇才……

但是许多同事提出反对意见：高盛和摩根斯坦利联合投资占平安公司所有投入现金总额的70%，但却只占股份的10%左右，这样是否合理？另外，平安还在亏损状况中，该公司很多保险产品极不成熟，中国人的保险意识也不强……平安投资案第一次被否决。半个月后，王玱坚持己见，再次上报投资决策委员会，结果又被否决。一周后，王玱第三次上报，还是被否决。

这时就连好心的同事都开始劝他去接触别的"案子"，以免浪费时间。但王玱坚信这将是手头最重大的案子，必须把主要时间花在最重要的项目上——"看得准的东西，我该做就去做。"1993年年底，王玱直飞纽约总部，在那呆了一周，最终说服了投资委员会。后来，这个案例成为了高盛最经典的投资案例之一：高盛和摩根斯坦利各入股2500万美元，各占5%。等到深圳平安上市，高盛将股份转让给汇丰银行，按平安当时市值160亿美元来计算，投资回报10倍以上。

德国诗人歌德说："重要之事决不可被芝麻绿豆的小事所牵绊。"

如果我们要想具备卓越的行动力，就必须学会要事第一的处理方法。无论工作、学习还是处理生活问题，都必须先解决最关键、最要害、最重要的问题。在一般情况下，我们总应该优先解决：影响全局、又必须要马上解决的问题；其次是必须马上解决的问题；再次是根源性或未来性的问题、典型和影响整体形象的问题、预期后果非常严重的问题等。

著名的成功学大师史蒂芬柯维，在其著作《高效能人士的7个习惯》中，将"要事第一"列为7个习惯之一，他认为一个领袖并不是只做大事和要事，而不关注小事，关键在于学会"授权"给下面的人——"授权是提高效能或效率的秘诀之一，可惜一般人多吝于授权，总觉得不如靠自己更省时省事。其实把责任分配给其他成熟老练的员工，才有余力从事更高层次的活动。"

第七章 开放生活 丰富心灵的源泉

国家开放是为了繁荣，社会开放是为了发展，生活开放是为了心灵的丰富多彩。在这个开放的社会里，我们的生活也应该开放，应该去了解其他方面的精彩；开放自己，开放自己的生活。开放的生活正是我们丰富心灵的源泉所在。

第一节 拥有生活 做"高能量"人

你在生活中真正想要的是什么？

这个问题看起来很简单，却并不是一个好回答的问题，因为它的意义太深刻了。

在生活中，我们大多数人都搞不清楚自己究竟想要的是什么。因为我们不曾花时间来思考这个问题。面对五光十色的世界，面对各种各样的选择，我们不知所措，我们往往会不假思索地接受了别人的期望，因此，来定义自己的需要和成功，因此，我们自己的需求变得不再重要，而社会标准成了我们终生奋斗的目标。

生活的内容其实很平常，也很精彩。我们难免会遇到这样那样的不如意，我们中的大部分人总是生活在不知足的状态下，总是身在福中不知福，总是要等到失去以后才知道珍惜。生活的棋局永远是变化的，而主动权总是掌握在我们自己手里，所以，不要对自己说：不能改变。只要你有勇气，一切都可以改变——生活的河流没有固定的航道，每一个方向都有可能是成功的方向。

闷闷不乐的亿万富翁 有一个矿业老板，40 出头就拥有了亿元家财。可是，他整天闷闷不乐，在股市里即使赚到了几千万的收益也不能让他快乐一点点，用他自己的话说："和他年纪相近的老板身家财产已经过百亿元了，自己真是失败。"在他的眼里，生活已经成了压力的缩影。他不知道，在亿万百性的眼里，亿元财富已经是不可想象的，而他却感觉不到一点成功的喜悦。也许，终有一天他会获得百亿的财富，但是，到那时他也许会发出更深的感想：在追寻财富的路上，他已经错失了生活，即使拥有了巨额财富，却是失去了一切。

生活要追求的是幸福，而不仅仅是财富。财富，有时候只是过眼的烟云，而幸福却是心有灵犀的思念，是逆境中的牵手，是一生的相依相随。

在我们身边，总有人这样说："经济是爱情的基础，如果没有了经济，爱情也将如同危楼摇摇欲坠。"因此，有的人就认为，如果不趁年轻时多赚些钱，将来便无法生活。于是，一些人便一门心思地钻到了钱眼里，眼中看到的只有钱，忽略其他任何的一切。钱是身外之物，生不带来，死不带去，赚了那么多却没有机会花，岂不是很悲哀。同样，人也不能总活在将来里。因为你怎么知道你还有多少将来？并且，将来还有将来的将来，而今天却只有一天。

其实，任何生活都是围绕了一个字而存在，那就是爱。因为"爱"既包括满足、平安，也包含了服务、友情和助人的精神，这才是最永久的价值。倘使人生缺乏了爱，虽然有物质的财富，能享誉全世界，都不过是过眼烟云，到头来还是觉得内心空虚，也不可能得到满足和幸福。

生活的真正意义，就是你在死前回过头来问自己是不是活得很快乐，是不是对得起家人，而不是一辈子赚了多少钱。我们的小孩也根本不在乎他们是不是有高级玩具，而是有没有爸爸陪他们玩哪怕最廉价的玩具。

我们在决定自己想要什么、需要什么之前，不要轻易下结论。一定要先作一番心灵探索，真正地了解和发现自己，把握自己的目的。只有这样，我们才能在生活中满意地前进。

是的，生活中的不如意太多太多，为没有钱而烦恼，为没有车而烦恼，为工作不理想烦恼，为工作不顺利烦恼……这一切会因为有个永远都不会嫌你倾诉得烦的人而显得苍白，烦恼都会过去，明天是未知，只有今天的开心才是实实在在的。

当你落入低谷时，千万要记住，塞翁失马，焉知非福？也许只是生活和你开了一个小小的玩笑而已。

生活中对于一些能源类的物品，我们常用高能量来形容它们，比如电池，它持久、耐用，我们可以说它是高能量电池；水，它能活化细胞、增强免疫力、含氧量极高，我们可以说它是高能量水。而人，其实也可分成"高能量"人和"低能量"人。

什么是"高能量"人？在日常生活中，你会发现有些人总是那么积极乐观，总是那么快乐，总是那么热情，他们具有影响力，而且你也会被他们深深吸引，同时你也希望成为那样的人，其实这类人就是所谓的"高能量"人。相对而言，与"高能量"人相比较，有些人则不显得那么积极乐观了，他们遇到事情总是充满怀疑、沮丧、担忧、怨恨、后悔、自卑、嫉妒甚至绝望，总感觉生活充满了压力，这类人就属于"低能量"人。

在生活中，包括我们周围所熟悉的人，大部分的人都属于"低能量"人。当然，我们偶尔也会幸运地遇到一些"高能量"人，他们遇到事情或打击总是能向积极的一面思考，总是在一个个失败和挫折面前能不屈不挠，所以大多数成功者都属于"高能量"人，而大多数"高能量"人也都能获得成功。

对此，你可能心想：怪不得成功者总是那么成功，原来他们本来就属于"高能量"人。而自己，总是遭受失败打击，原来自己原本就属于"低能量"人。如果你这样想，那么你就错了，其实"高能量"人与"低能量"人是完全可以转换的，"低能量"人既可以转变成"高能量"人，"高能量"人也可以转变成"低能量"人。只要你愿意去努力改变，那么你就能成为"高能量"人。

那么，我们到底怎么做才可以成为"高能量"人呢？我们不访从"高能量"人与"低能量"人所必备的不同的要素说起。

首先，我们看看什么是高能量和低能量！

正面的高能量（Positive High Energy）：活力、精力充沛、兴奋、热情、全神贯注、多姿多彩、正面挑战、自我提升、提升他人。

正面的低能量（Positive Low Energy）：安静、冷静、平静、宁静、放松、焕然一新、和谐、充分休息、内外合一。

负面的高能量（Negative High Energy）：愤怒、怀疑、沮丧、担忧、急躁、压力、负面的挑战、所有的事情都是问题、关系是挑战。

负面的低能量（Negative Low Energy）：怨恨、后悔、内疚、嫉妒、自卑、绝望、挫败、羞耻、尴尬、责怪。

让所有的负面能量"没有空间"进入自己的时间内，让自己始终处于"80%的正面的高能量"和"20%的正面的低能量"的状态中。人生就会非常积极正面。这就是人生快乐和成功的秘诀！

正如所有的秘诀一样，你必须有意识地去不断操练、实践，直至成为习惯！

第二节　简单生活　丢弃虚假的华丽

房子变大了，存折变多了，汽车变新了，衣服变靓了……人却变得越来越累了。

有一组来自医疗部门的统计数据显示，半数的现代人都处于亚健康状态。究其原因，主要就是现代人心理失衡、营养不全……

一些人总是马不停蹄地为挣一套房子拼命，为一部车子加班，这都源于"我们总是把拥有物质的多少、外表形象的好坏看得过于重要，用金钱、精力和时间换取一种有目共睹的优越生活、无懈可击的外表"，最终导致了人的亚健康。

于是，终于有人觉醒：需求得越少，得到的自由就越多。就这样，一种新的生活理念和方式也应运而生：新简单生活主义。

何谓"新简单生活主义"？

"新简单生活主义"最早的发起地在美国。是美国当今最流行的一个时尚词汇。它的核心理念是：不被物欲牵着走，更注重自己的精神需求。其主要指标包括：不再以金钱多寡衡量生活质量，不看电视、不上网、不过夜生活、不在人际关系和衣着上花费过多时间，不大规模购物以造成不必要的经济压力，甚至不驾车等等，以自由、平和的精神状态悠闲地生活，总之，就是做自己想做的事。比如，跑到没人的山野，除了吃饭、睡觉、享受自然风光，什么也不做。

据说，在美国硅谷有一家购物网站的 CEO 便将这种"简单生活"发挥到了极致：这个 CEO 几乎所有的上班时间都在与电脑、手机打交道，但当他一回到家。便会迫不及待卸掉一身的"电器"，"断电"，过一种完全属于自己的轻松生活。他的家虽然有 5 个房间，却没有电视，也没有其他家用电器，往往是邻居家灯火通明。而他家却漆黑一片。这个 CEO 在家中最大的娱乐就是点着蜡烛读书。

对于这样的简单生活，用现代人的眼光来看，该生活的主人确实有些"偏激"。"新简单生活主义"不应该是只流于形式的减少、物质物品的多少，而应当是一种心理状态。虽然在某些状态下人类成为了技术的奴隶，但无法否认有些基本的生活用具的确方便了我们的生活，我们的确需要它们。如果我们一定要全部抛舍它们，是不是也和自己过意不去呢？那种不要电视、不上网的生活是完全没有必要的。世界很精彩，电视和网络都可以传达出对我们有益的信息，关键是自己的心灵要做一种取舍，要很清醒，什么是自己想要的，有用的东西就去汲取，而没有必要完全排斥。

所以，简单并不是简陋，不是无所事事、不求上进，也不是自欺欺人、愚人自居。它不拒绝丰足、多彩的生活，也不拒绝浪漫的情怀、潇洒的风度。它只是让人在喧嚣中保持一份空灵，是一种生活态度。它会让我们抛弃庸人自扰的想法，让我们变得透明与纯粹，让我们发现生活中到处都是美好。就像男人和女人组成了人类，生和死诠释了人生的全部生命过程。

世界原本不复杂，只是因为心复杂了，这世界也就复杂了。想想这短短几十年的人生，我们到底追求的是什么？对钱财、名誉、地位的向往又是为了什么呢？说到底还不是为了寻求快乐！富足时并不一定比穷困时快乐；历经沧桑也不一定会比不谙世事快乐，所以，学会用简单的态度在简单的生活中寻求快乐，才是一种真正的幸福。

开放生活，就要有一种简单的心态，因为世界上最透彻的生活哲理往往是质朴无华的。温暖人心而又实实在在的话其实都是人生的哲理。如高山流水，高天流云，让凝涩的人生流畅。板结的心情融化。

追求功名利禄的人，整天考虑的是他人对自己如何如何评论，必然活得累；自觉追求淡然恬静的人，自然是荣辱毁誉不上心。正如古人所说："没事汉，清闲人"。

所有的东西都可以虚假，只有生活是最真实的。

口口声声把爱挂在嘴边的人也许并不懂得爱。爱不是甜言蜜语，不是山盟海誓。爱是真实生活中的理解、宽容和相互帮助与扶持。

每个人都希望自己的人生散发出耀眼的光环，都希望自己有一段不平凡的生活，事业上获得惊人的成就，拥有一段惊天动地的爱情。可是当一切光环都消失的时候，剩下的却是本色的生活状态。

生活就像是走路，有的人会在累了的时候休息一下，然后继续走；有的人会因为路途坎坷而抱怨着停止行走或改变方向；也有的人只顾顽强地朝着自己理想中的目标前进而根本无暇顾及、也不在乎路途是否存在艰难险阻，都不在话下地越过。但是，无论朝哪个方向，都会发生位置的变换，只要你肯走，而不是停滞不前。

生活就是柴米油盐，生活就是平平淡淡地过完每一天，每天的作息时间一成不变，每天重复着同样的事情，就连每一天的心情都不会有很大的变化。生活在一起的人，不论是相敬如宾，也不管是争吵不休，平淡的生活里都会有两个人之间的相互牵挂和爱护。在真实的平淡的生活里，一切的甜言蜜语，一切的山盟海誓都显得有些多余。

只有平淡的生活才是真实的生活。只有真正的关怀和问候才是真实的爱。甜言蜜语是会过时的，山盟海誓也到不了山的尽头。只有平淡生活里积累起来的情感才是不会过去的，长时间生活在一起的过程，是一段情感积累的过程，也是一段平淡累积的过程，可就是在这些平淡的日子里，生活在一起的人积累起了越来越多的爱，越来越沉甸甸的关怀。他们的心中装着彼此的生活，也装着彼此的情感和牵挂。

我们曾以为贫困的生活是不会有幸福可言的，生活在一起的人整天为了生计而奔波操劳，怎么可能会有幸福可言？他们在忙碌的生活中寻找的是生活的资本，寻找的是吃饭穿衣的资金，没有时间和心情去考虑幸福是怎么回事。可是现在我才发现，只要彼此心里装着对方，即使是贫困的生活也能找到幸福的感觉。只要爱着彼此，一起辛苦，一起劳累，一起过着贫困的生活也是一种幸福。幸福和爱就是两个人一起经历风雨，经历贫穷，一起过着平淡而简单的生活。

天下有许许多多的父亲母亲，他们相濡以沫，过着平淡的生活，却拥有幸福的源泉。他们把彼此看作是生活的伴侣、人生的同志。

生活很复杂，其实也可以很简单。人生不怕平淡的日子，只怕生活的感觉不真实。生活不怕困难的日子，只怕没有真情存在。拥有简单思想的人过着简单的生活，就是一种幸福。然而思想一旦变得复杂起来，就不会满足于现实的生活，总是追求更高更好的生活层次，在情感上也会想着去拥有得更多，这时生活的烦恼也会随之而来。所以，一些生活得太好的人往往很难有一份纯粹的情感，即使生活在一起也不能真心想着彼此。

生活不需要华丽的外衣，也不需要甜言蜜语。生活需要的是平平淡淡地过完每一天。生活就是两个人一起为生活里的每一件事操心、忙碌，甚至是争吵。生活就是两个人一起在艰难的人生道路上相互搀扶，不计较结果，只在乎生活在一起的日子。

生活需要真实的平淡，不需要虚假的华丽。

第三节　心中快乐　做一个"聪明人"

做人的基本规则是对自己负责、对别人负责，不轻言失败，因为世上难事，不可尽数，你的困难，也是别人的困难，战胜困难，是唯一的选择，这就需要你拥有一个积极的心态。

改变自己一生的法则，往往不在于能力大小、环境好坏、机遇多少，而在于你以什么样的心态做人、做事，找准自己的强项与弱点，扬长避短，善待自己，就会找到自己脚下的出路。

一个人的心态是乐观的、豁达的、平和的，还是悲观的、郁闷的、激荡的，决定了一个人的生活质量。

乐观的心态，就是阳光的心态、幸福的心态。心中有花香，生活中就处处弥漫着淡淡的芳香。心中有阳光，生活中就处处充满着灿烂的阳光。心中快乐，就会感觉到生活的快乐、工作的快乐，就会感染到他人的愉悦、他人的美丽友善和和谐。乐观的心态会使人轻松享受人生的快乐与美好，会使人轻易获得人生的鲜花与掌声；会感到生活惬意而恬静，工作舒适而和顺，感觉轻松而美好。生活中处处充满鸟语花香，处处是蓝天白云青山绿水。

平和的心态，就是和谐的心态、良好的心态。不与事争强，不与人为敌，心境坦荡，心平气顺。决定为人处事将会与人为善，一团和气。"平"就是平平静静，波澜不兴。"平"就没了高低贵贱，就没了争端是非，没了张扬跋扈，平起平坐，平和相处。"和"就是和和气气，和和美美。"和"就没了勾心斗角，阴谋阳谋，就没了明枪暗箭，口是心非。心和则气平，人和则事顺，家和则是万事兴。

悲观的心态，是病态的心态。心中阴云不散，心结难以打开。看到的、想到的、展望到的都是缺少阳光雨露，缺少鸟语花香。总是望尽天涯已无路，不会柳暗花明又一村。悲悲戚戚惨惨，冷冷清清寒寒。

郁闷的心态是缺乏斗志和进取之心。凡事闷在心中，不与人沟通交流，自绝于亲朋好友之外，固步自封于狭小天地。郁郁寡欢，少言淡语，成为装在套子不愿走出的人。看到的天是黑的不是蓝的，感受到的阳光是刺眼的不是温暖的灿烂的，感触到的生活是酸苦的、乏味的。

激荡的心态，顾名思义就是激烈、激情、动荡不安。为人不安分守己，为事不瞻前顾后三思而行，形似快刀斩乱麻，大刀阔斧，实则鲁莽孟浪不计后果。江湖义气第一，他人利益第二。多断而少谋，害人又害己。

豁达的心态，就是大度的心态、开朗的心态。宰相肚里能撑船，将军胳膊上能跑马就是这个道理。不与人强争是非，不与人斤斤计较，为人处事站得高，看得远，豁然大度，光明磊落，心如明镜，通达知变，侠肝义胆，义薄云天。凡事看得开，看得宽，看得远，气度不凡，豁然开朗，朋友云集而不散，处事厚道而果断，知足而常乐，豁达而悠然。

每个人在生活中都难免受到伤害，不少人会怀恨在心，可能进一步图谋报复，以牙还牙。作出这样的反应似乎是"理直气壮"，是为了拒绝伤害。换个角度想想，这恰恰是接受了伤害——用别人的错误来惩罚自己。小肚鸡肠的人甚至把别人的成绩也看成对自己的伤害，妒火中烧，寝卧难安。

古代有一位哺乳的母亲，经常和丈夫吵架，常常是一边奶孩子一边吵骂不休。后来这孩子身体极差，肠胃一直有毛病，不久就夭折了。原来正是这位母亲长期争吵吵出了"毒奶"。孩子吃多了这种"毒奶"故而早夭。可见，极度不良的心理状态可以严重影响到生理机制，其危害之烈，也已为现代医学所证实。

所谓大度能容，就是能原谅、饶恕他人的过错。饶的原意是土地丰厚，引申为心地宽广，不去计较过多的恩怨。给他人以宽恕，同时自己也海阔天空，客观上也避免了"冤冤相报"的更大伤害。"如心"二字合为"恕"，恕的意思就是以己量人，以己之心推想他人之心，充分站在他人的立场将心比心。孔子说："己所不欲，勿施于人"，讲的正是这种恕道。扪心自问，一生一世，我们又何曾没有伤害过别人？

自己冒犯了别人，是不是很需要对方原谅？如果认为伤害不可饶恕，那么首先不可饶恕的就是我们自己。

由于人世间确实存在一些欺软怕硬的人，因此就使人产生了一种错觉，自以为以刚克刚才是聪明的表现，其实真正的强者都懂得以柔克刚，那才是真正大智慧的表现！尤其当一个人处于弱小、劣势的地位时，只能采取以柔克刚的方法才是取胜之道。一个人的纯善之心就是一种至刚的柔和，它足以战胜人世间的任何刚强。

在一个漆黑的夜晚，一个惯于抢劫的男子在地铁站盯上了一位妇女，便尾随她在一个偏僻的小站下了车。此时，夜深人静，他伺机实施强暴。却不料，这位妇女突然转过身来，以十分诚恳而信任的口气对他提出请求说，天黑人少，一个单身女子赶路不安全，她很高兴能在这里碰到他，并请求他护送她一段路程。

这位妇女的举动，使这位男子一时不知所措，只得很茫然地点头答应了。一路上，妇女把他当作熟人一样聊着天，丝毫没有把他当成歹徒加以防备的意思，使得这个原想作案的男子不知不觉将她一直送到了家门口，而始终没有采取任何非礼的行动。

这位妇女在情急之下的纯善之心，唤醒了那个男子人性中善的一面，也在十分危难的状况下解救了自己。她运用的就是感化对方、以柔克刚的方法，使自己避免了一场灾祸。

理性宽容是以柔克刚的智慧，就像中国的太极拳。宽容看似软弱，却蕴涵着以柔克刚的坚韧，生活多一份宽容，就会多一份美好、多一份真善。有句俗话说："四两拨千斤。"讲的就是以柔克刚的道理。一块巨石如果落在一堆棉花上，则会被棉花轻轻包容在里面。相反，以刚克刚，只会两败俱伤。因此，遇事尤其是危急的状况时，一定要懂得以柔克刚才是大智慧者的表现。

要拥有快乐，就只有理性宽容，才能以良好的心境面对纷扰，以正确的心态开放心灵，才能以不变应万变，在多元化的、变化万千的世界里自由穿梭往来。

世事如过眼云烟，人生短暂如梦。斤斤计较般般错，退步思量事事宽。没必要把自己关在悲观、郁闷的笼子里，没必要把自己抛弃到大江大浪的激流中。平平淡淡才是真，和和美美才是福，简简单单才能乐。让我们以乐观的心态，驾起人生"平和"之舟，豁达面对人生的风风雨雨，尽情享受大千世界的奇妙和人生一路风光的美好。绝不空对人生，虚度人生，苦待人生。让我们尽情的开放自己的心态，放飞自己的心情吧！在这短短的人生旅途中，让我们轻盈脚步，轻松心情，丰富我们的真情生活，完美我们的幸福人生，敞开心扉，尽情的去享受阳光，享受亲情，享受友好，享受快乐吧！

人生总会有低谷，总会有挫折、痛苦和打击，但永远不要失去好好生活的勇气和信念，你要相信，无论如何，生活都会美好起来的。

要想得到快乐的生活，培养开放的生活情趣就是一件十分重要的事。

自古以来，我国哲人就认为最好的生活态度就是"以出世的精神做入世的事业"，既不必消极隐遁，更不沉迷其中。这样我们就会觉得是生活在雍容博大的天地之间，才会有闲情去欣赏这多彩多姿的世界，而对生活怀一颗感激之心，就不会再产生怨天尤人的苦恼了。

尽管有些人很穷苦、很孤独，事业也谈不上什么成功，但是因为他们懂得从生活中寻找哪怕一星半点闪烁着的情趣，他们就不会觉得困苦和孤独。而许多人只知道赚钱，却没有一点爱好，他们也只好成为生活的奴隶了。

当你打开心扉，生活中的情趣就会俯拾即是，只在于我们是否愿意去寻找。

合作者变了，一切也都变了　一个人去买碗，他懂得一些识别瓷器质量的方法，即用一只碗轻撞其他碗，发出清脆声音的碗肯定是质地好的。但来到店里，他却发现每一只碗发出的声音都不够清脆。最后店员拿出价格高昂的工艺碗，结果还是让他不甚满意。店员不解地问："你为什么拿着碗轻撞它呢？"那人说这是一种辨别瓷器质量的方法。

店员一听，立即取过一只质量上好的碗交给他："你用这只碗去试试。"他换了碗，再去轻撞其他的碗，声音变得铿锵起来。

原来他手中拿着的是一只质地很差的碗，它去轻碰每一只碗，都会发出混浊之音，合作者变了，参照标准变了，一切也就变了。

生活也是如此，你的参照标准如果错了，那么你眼中的整个世界也就错了。生活，顾名思义，就是指我们每天普普通通的生存活动。幸福快乐的秘密就在每个人的心中，每个人都具备使自己幸福快乐的资源，不快乐只是许多人没有把这些快乐幸福的资源用好而已。

工作已经没了，不能再没了快乐 前几年，有一对国企职工下岗后，在早市上摆了一个小摊。依靠微薄的收入维持着全家人的生活。他们没有了从前让人羡慕的工作，也没有了叫人衣食无忧的工资、奖金，但他们却依然生活得很幸福。夫妻俩过去爱跳舞，现在没钱进舞厅，就在自家屋子里打开收录机转悠起来。男的喜欢钓鱼，女的喜欢养花。下岗后，依然能看到男的扛着鱼竿去钓鱼，他们家阳台上的花儿依旧鲜艳夺目。他俩下了岗，收入减少了许多，还乐个不停；邻居们都用惊异的目光看着他俩。

一天，记者去采访，男的说："我们虽然无法改变目前的境况，但我们可以控制自己的心态，虽然下岗了，但生活是否幸福还是由我们自己说了算的。"女的说："我们没有了工作，再不能没有快乐，如果连快乐都丢了，那还有什么活头。"

在我们的生活中，为什么有的人很幸福，而有的人却很痛苦？比如，一些人即使大富大贵了，别人看他们很幸福，可他们自己却身在福中不知福，心里老觉得不快乐；有的人，在别人眼中他们离幸福很远，而他们自己却时时与快乐邂逅。这其中的根本原因就在于这些人是否具有一种灵活、积极的心态。

心理学理论告诉我们：人认为自己处于某种状态时，这个人就会在无形中顺从于这种状态，而这种状态也就会愈发地明显起来。比如，有些小孩本来不太难过，但当他一哭起来却会越哭越伤心，就是这个道理。

的确是这样，幸福与否完全取决于你的心态。你想幸福，随时都可以幸福，没有谁能够阻拦得了你。代表了一代人梦想的拿破仑，在得到了世界上绝大多数人渴望拥有的荣誉、权力、金钱、美色之后，他却说："我这一生从来没有过一天幸福的日子。"而海伦·凯勒说："生活是这么美好。"这就是积极心态的作用。

我们情绪的喜乐不是靠外力的刺激，主要是由内心引发的。外在的一切都是相对的，转瞬即逝的，不应该让它们干扰了自己内心的安宁。培养快乐心境，常常保持良好的心态，认知角度或者观点稍微转变，情势便大大不同。

当我们面对种种不如意时，应认清真实的自我，在理念上、行动上换个角度，转个弯，让自己缓一缓之后，再来看问题。这样一来，或许你会发现事情变得不再那么令人气愤，从而能更好地解决问题了。

改变游戏规则，转个弯，你就能隐去真身，隐藏自己，就能更好地与环境融为一体，与自然同息、同存、同变化，真正做到大象无形！

冬天到了，春天还会远吗？

乐观的女孩 一位朋友讲过他的一次经历：

一天下班后，他乘中巴回家。车上的人很多，过道上都站满了人。

站在他面前的是一对恋人，他们亲热地相挽着，其中女孩背对着他，女孩的背影看上去很标致，高挑、匀称、活力四射，她的头发是染过的，是最时髦的金黄色，她穿着一条今夏最流行的吊带裙，露肩，是一个典型的都市女孩，时尚、前卫、性感。

他们靠得很近，低声絮语着什么。这位高个子女孩不时地出欢快的笑声，好像是在向车上的人告白：你看，我和你们一样快乐！

笑声引得许多人把目光投向他们；大家的目光里似乎有羡慕，还有一种惊讶，难道女孩美得让人吃惊？他也有一种冲功，他想看看女孩的脸，看那张倾城的脸上洋溢着的幸福会是一种什么样子。但女孩没有回头，她的眼里只有她的恋人。

后来，他们大概聊到了电影《泰坦尼克号》，这时那女孩便轻轻地哼起了那首主题歌，女孩的嗓音很美，把那首缠绵悱恻的歌处理得很到位，虽然只是随便哼哼，却有一种特别动人的力量。

这位朋友想：只有足够幸福和自信的人，才会在人群里肆无忌惮地欢歌。可是当他这样一想，他便觉得心里酸酸的，像自己这样从内到外都是极为黯淡孤鸿无侣的人，何时才会有这样旁若无人的欢乐歌声？

很巧，他和那对恋人在同一站下了车，这让他有机会看看女孩的脸了。他的心里有些紧张，不知道自己将看到一个多么令人悦目的绝色美人。可就在他大步流星地赶上他们并回头观望时，他惊呆了，他理解了片刻之前车上的人们那种惊诧的眼神。他看到的是张什么样的脸啊！那是一张被烧坏了的脸，用"触目惊心"这个词来形容毫不夸张！真搞不清，这样的女孩居然会有那么快乐的心境。

朋友讲完他的故事后，深深地叹了口气感慨道："上帝真是够公平的，他把霉运给了那个女孩，但也把好心情给了她！"

其实，朋友的感慨未免有失偏颇，掌控你心灵的，不是上帝，而是自己。世上没有绝对幸福的人，只有不肯快乐的心。你必须掌握好自己的心舵，下达命令来支配自己的命运。

你是否能够对准自己的心下达命令呢？倘若生气时就生气，悲伤时就悲伤，懒惰时就懒惰，这些只不过是顺其自然，并不是好的现象。释迦牟尼说过："妥善调整过的自己，比世上任何君王更加尊贵。"可见，"妥善调整过的自己"比什么都重要。任何时候都必须明朗、愉快、欢乐、有希望、勇敢地掌握好自己的心舵。

快乐是自己的事情。只要愿意，我们可以随时调换手中的遥控器，将心灵的视窗调整到快乐频道。

"如果有个柠檬，就做柠檬水。"这是一位聪明的教育家的做法，而傻子的做法正好相反。如果他发现生命给他的只是个柠檬，他就会沮丧，自暴自弃地说："我完了，我的命运真悲惨，连一点发达的机会也没有，命中注定只有个柠檬。"然后，他就开始诅咒这个世界，一辈子让自己沉浸在自悲自怜当中，毫无作为。而当聪明的人拿到一个柠檬的时候，他就会说："从这件不幸的事情中，我可以学到什么呢？我怎样才能改变我的命运，把这个柠檬做成一杯柠檬水？"

如果我们能够做到，请把这句话写下来，挂在你的床头上：生命中最重要的一件事，就是不要把你的收入拿来算做资本，任何傻子都会这样做，真正重要的事是要从你的损失里获利。这就需要有才智才行，而这一点也正是一个"聪明人"和一个"傻子"之间的区别。

人活在世上，活的就是一种精神、一种希望。我们要培养能够带给你平安和快乐的心理，"当命运交给我们一个柠檬的时候，我们就试着去把它做成一杯柠檬水吧"。

第四节　走到户外　给心灵放个假

走出去，走到户外，是一种开放的生活方式。生活应该开放，如果总是和与自己"相近"的人在一起，必然失去很多了解其他精彩世界的机会，而且所谓的"共振"现象会让自己变得越来越偏执和愚昧。这个时候，你需要做的就是：走出去！用你的热情和激情去好好生活。与不同职业的，不同籍贯的，不同年龄的，不同地位的人交流，那才是最有趣的事情！也许，在与他们的接触中，还会发现很多新的东西，这都会给我们带来知识和一种难以言表的刺激感。

走出去，在生活中历练品格　在古时候，有一个非常富有的员外，他家良田千亩，并且开有印染厂、纺织布厂。他有一个儿子，在儿子很小的时候就被他丢到了附近的一家庙里，在那里做了一个化缘的俗家和尚。当时他儿子虽然很小，才只有8岁，却不愿意离开自己富有的家庭。

这时，员外说："你不能老在家里，这样你成不了大器的。你要善于走出去，懂得去观赏，在行走中去增长见识。你虽然还小，可你很快就大了，假如我把你老放在家里，你什么都不知道，就是把千万家产给你，你也不会懂得支配的，也会很快化为乌有。所以希望你到外面去走走，去看看外面的世界，在游历中品尝一下苦和甜，品尝一下孤独和寂寞的味道，以及世间的一切真实的情感元素和做人处世的道理。这些都会在你的行走中找寻到，体会到，你总有一天会明白我的心思。"

说完，员外便忍痛将孩子交给了方丈。

当儿子还俗回到家的时候，他感觉儿子的谈吐和人生经脸，以及各方面都是一般人所无法比拟的。员外感到非常激动，感动得热泪盈眶，因为他的愿望终于实现了，之后，便放心地把家交给他了。

狭义地讲，走出去是一种排解、遣散寂寞的方式——出去散散步。散步能散出一种情怀，散出一种浪漫。与爱人一起散步更是增进感情的助推器。散步的过程其实就是一种散心的过程，散步时心情会放松很多，也会平静很多，思考和谈论的问题也不会很激烈。边走边慢慢地谈，会产生一种默默的沟通，也会让心与心再一次地融合。

当你认可了这种方式后，每当寂寞的时候，你就可以通过散步来排解寂寞、遣散寂寞。

漫步红尘，你会看到形形色色的人，千姿百态，风景依然，当你不小心走在街道的公园，你经常会看到许多满头银丝的老人相互携手走在公园的小径里，坐进梨园，看春风吹拂，看人潮散去，看百味人生。

散步是一种享受，尤其是在月下散步，更是一种超常的享受。独自一人漫步在月下，陪伴自己的只有皎洁的月光和沁人心脾的偶尔也夹杂些秋虫的生命绝响的清风，没有喧嚣，没有虚伪，没有争斗，没有一切的社会倾轧，好像进入了一个充满安详和幸福的世界。这种感觉可谓一种精神上的高级享受。

其实，散步不仅仅是为了成全那份感觉，也是为了让流离已久的灵魂随着时间的长流回到自己的归所，以寻找精神的解脱。精神解脱了，生活的勇气和动力也就重拾回来了。

当然，并不是所有的人对散步都有同样的认识和体味。有的人可能会认为散步是一种打发无聊的途径，于是他们空空而出又空空而归；有的人甚至将散步当成是一种躯体上的折磨，他们已极度厌倦了散步，更不要说从中体会些什么了。

散步是一种心情，是在心灵的空间踏歌而行；散步又是一种幽思，是对前尘往事的追忆，是对今天和未来的丈量。

生命中很多的是都是这样，你刻意为自己设计着目的地，有时却又身不由己地改变着方向，而散步能将束缚的思维逐步地放开，像打开明净的窗，一步步地走近，一步步地感受和感悟流光异彩的空间里不同的人情和不同的色调，在小小的自我世界里扩大着自己的心灵视野，丰富着人生的阅历。

人生在于从行动中去感悟真理、体会成功的奥妙，在散步中感受生命波澜里的一座心的灯塔，因为在漫步人生的时候，你就会慢慢地懂得了自己，慢慢地化解着自己，慢慢地还原着真实的自己，慢慢地走向新的生活和新的人生旅途！

嘈杂的城市生活使人们对乡村有了一份特殊的期待。在滚滚红尘中，给不堪重负的心灵放几天假，最好的办法就是到乡村去，细细体味乡村的纯美。

在清新的乡下，日子平和地跟随着季节的脚步，一步一步迈了下去，乡村在亘古的宁静中出落得愈加亭亭玉立，风姿绰约。只要走出城市，乡村之美便无处不在。安静的村庄，恬淡的炊烟，嗅着泥土芬芳闭目养神，会使你感到沁心的舒畅。

如果你再来到田野，痴痴地伫立在这浩瀚碧绿的原野中，静静观赏这美丽的景色，你会发现自己与自然竟是如此亲近。乡野的风是清凉的，天空是湛蓝的，躺在松软的草上，望着天空偶尔飞过鸟儿，听草丛里此起彼伏的虫鸣，你会感到城市已不复存在，身心都会陶醉于这个清凉万籁的世界里。在这样的意境中，再美妙的音乐你都会觉得单调，再单调的啼鸣也会觉得美妙。

这就是乡村之美，美在淳朴，美在自然！

当朝阳升起，极目远眺，只见原野上蒸腾的雾气与村落中冉冉上升的炊烟融合在一起，袅袅的，柔柔的，淡如云烟，轻若薄纱，在清晨的原野里，显得那样的虚无缥缈，那样的扑朔迷离，那样的充满活力，那样的令人神往。小鸟在天空中飞来飞去，落在树上谈情说爱，有的正忙着筑它们的爱巢，既忙碌又井井有条。

当太阳升至正午，暖暖的阳光会照得你浑身松懒，蹲在田埂、土坡小憩，或是铺一块布单在那里野餐，你都会感到一种从未有过的满足，这里草被太阳照得像柔软的棉被，土地吸收了阳光的热量也是暖烘烘的。远处不时传来大人呼喊孩子回家吃晚饭的声音，总能给人无限慰藉与慨叹。

当日落西下，夜晚的乡村充满了宁静，天空的繁星都会眨着眼睛听老乡拉家常，时高时低，不时还会传来老乡们纯厚的笑声。而有的人家会早早地吃了晚饭，全家坐在房屋的正中看电视机。夜深之后，偶尔从窗外会传来爽朗的笑声和一两声犬吠声，一会儿又归于宁静，只有月亮和满天的繁星在窥看这和睦的世界。

乡村的生活是简单的，简单得会让你认为时间在这里已经凝滞，你会发现城市里的奔波、争斗、尔虞我诈、勾心斗角早已成为你久远的记忆。在这里，更多的是自然、淳朴、亲和、醇厚、纯真的气息。

身心疲惫是当代人最常有的休验，而能否及时调节和扭转这种疲惫状态，直接关系到你能否精力充沛地去面对生活。生活的大潮不会驻足等待你的调整，所以你必须及时地改变自己的疲惫状态，学会给自己的心灵放个假，你便会时时感到快乐，无忧无虑。给心灵放个假，也会让自己得到适当的放松与享受，这样，生活才能变得更加美好。

如果真的感到累了，就给自己的心灵放个假吧，去乡村感受一下田野的清新，用一点时间让心休息。

2500年前，古希腊名医、现代医学之父希波克拉底克有一句名言："阳光、空气、水和体育运动，这是生命和健康的源泉。"让人们知道了运动和阳光、空气、水同等的重要。

　　由此，运动热潮也从希腊像星星之火一样，逐渐燎烧到全世界。特别是 2008 年中国成功地举办了第 29 届奥林匹克运动会之后。中国人的运动热潮再次被掀起。如今，在所有的运动当中，可能最时尚、最令人筋疲力尽尔后精神焕发、一玩就舍不得退出的就应属户外运动（OutdoorSport）了，如郊游或徒步旅行、驾车旅行、野营、登山、攀岩、山地自行车以及蹦极、漂流、滑翔、滑雪、高尔夫等。

　　户外运动的迷人之处就在于它能够彻底放松人的身心，并带给人们极度的刺激与挑战。特别是户外徒步旅行，当完成这一刺激和挑战运动后，那种从心底深处涌出的成就感和满足感是无与伦比的，个中滋味，不身临其境，绝难体会。户外运动注重的是人与大自然的交流，当身心疲惫时，最好的恢复方法是走进自然，到山之巅观云，到海之滨听涛，在天地之间汲取力量。

　　户外最大的乐趣就体现在不同的线路上，在行走中总能找到一种探索者的感觉，总能看到许多新鲜的东西和未知的世界。其实，不管是休闲还是探险，只要是愉快的行程就好。因为这条线路上一定有好山好水，一定有你在城市所不能见到的风景，哪怕这条线路你已经走过十几遍。

　　户外线路的串联，不需要名山大川，也不需要名胜古迹，只要远离人群，只要可以看到夜空明亮的星星，因为所有的户外运动者追求的不过只是自然的宁静。"海到尽头天作岸，山至绝顶我为峰。"穷山尽水是每个户外运动者不变的心愿。山水是个磁石，只要有时间，人们就会往山里跑，而且还互相打探消息，山上的枫叶红了吗？山上的杜鹃开了吗？报信者总能得到额外的褒奖。仁者乐山，智者乐水，"驴友"都是一群有智慧的人，何乐而不为。

　　"野泉烟火白云间，坐饮香茶爱此山"。这是户外运动最雅致的享乐意境。小气罐，三脚炉，钢制的小水壶，外挂几个紫砂陶杯，带上几包铁观音，两三公斤的重量，放在背囊里，行于山溪之边，找一豁然开朗之处，架起炉子，汲取清泉，现煮现喝，茶是清香，水亦甘甜。他们在山水之间既陶冶了情操，锻炼了身体，也交上了朋友。

户外运动犹如一条倒淌河，它可以让人回到童年，回到遥远的乡村，找寻当年的青春回忆。在野外宿营，人们会燃起很大的篝火，在熊熊燃烧的篝火面前，时而兴奋，时而沉默，每个人其实都在沉思，在怀想自己的青春岁月。在这里你可以与朋友尽情地交流，在紧张的工作之余减轻压力，尽情地放松自己。

亲近自然、体味文化、感悟生命。户外运动展现着人的进取精神，强健了身体，更会让自己的心境豁然开朗，让心灵快乐地翱翔。